の活用法

こを開く

JN016657

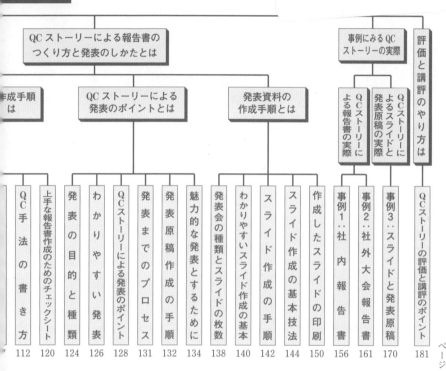

改訂版

QC STORY

■ 問題解決と報告・発表に強くなる

QCサークルのための
QCストーリー入門

杉浦 忠　山田佳明

日科技連

　『QC サークルのための QC ストーリー入門』は，1991 年 11 月の初刷発刊，以来 32 刷を重ね，十万部のベストセラーとなり，今でもご愛読いただいています．

　しかし，30 年を超える年月は，発表の方法が OHP 活用からパソコンによる映像投影が主流になるなど QC サークルの環境を大きく変えるとともに，QC サークル自身も大きく成長を果たしており，時代にそぐわないところが出ていることから，多くのご愛読者にお応えするために，内容を全面的に見直した改訂版を発行する運びとなりました．

　主な改訂内容は，OHP による発表方法から PowerPoint などパソコンを使用するプレゼンテーションソフトを活用する方法に変更するとともに，QC ストーリーのステップの名称が QC サークル本部により統一されましたのでその内容に合わせました．

　掲載事例は改訂にあたってすべて最近の新しいものに変更しましたが，「テーマ選定マトリックス」だけは続けて掲載することにしました．テーマ選定マトリックスは，初版発行時に提案させていただいたものですが，今では使ったことがないサークルはないといえるほどにご活用いただいており，大変光栄に思っています．テーマ選定マトリックスは，QC サークル京浜地区の発表会での講評で，「サークルの皆さんが本当に困っている問題点ですか，急いで解決する必要があったのですか」とテーマ選定に関することが多かったことから，思いつき，それを端緒として内容をもみ上げてつくったものです．

　テーマ選定マトリックスには大きく 2 つのメリットがあります．1 つは，論理的なテーマ選定ができること，です．改善の要求度合いとサークル自身の改善に対する実力によって，職場に発生する問題点を客観的に評価できます．2

つ目はテーマ選定の考え方を明確に伝達できることです．これはマトリックスでサークルが決定した評価の実態を表現することで行えます．さらに，この2つを1つの手法で実現できることです．

掲載事例はすべてQCサークル関東支部京浜地区で2014年以降に発表されたサークルの報告書から選定しました．そのときに強く感じたことは，多くのサークルが初版を発行したころから，改善した内容が論理的になり，緻密で高度になっていることでした．うぬぼれかもしれませんが，筆者らが初版をとおしてこのQCサークル発展に貢献することができたのではないかと思っています．

故今泉益正先生(元武蔵工業大学経営工学科教授，元QCサークル本部幹事)は，初版にいただいた序文の中で次のように述べられています．

「人々の働く職場が，苦しい労働を提供し，その代償として賃金をもらう場であったら，こんなみじめなことはない．いやいや仕事をしている職場で，良い品物が作られ，良いサービスが生み出されるはずはない．

仕事が自分のものになったとき，その職場が働きがいのある職場となる．これは仕事の中に自分の考えを活かすことを意味する．考えて仕事をするとき，仕事が自分のものとなる．

しかしどうやって仕事の中に自分の考えを活かすか，これはなかなかむずかしいが，その一つの指針を与えるのがQCストーリーである．

この本にも書かれているように，QCストーリーは，

- 問題解決を進める手順
- 活動をまとめる手順
- 人にわからせる手順

のよりどころとなるものである．」

今泉先生がおっしゃったとおり，QCストーリーはよい仕事，働きがいのある職場を実現できる大きな力をもっていると思います．本書を参考にして皆さん自身がそれらを実現していただければと深く思っています．

最後になりますが本書を出版するにあたって，事例掲載をご快諾いただいた

各企業・QCサークルの皆様，一方ならぬお世話になった日科技連出版社の皆さん，特に出版部編集グループの石田新係長にはお礼を申し上げます．

2023年4月

マネジメントクォルテックス

代表 杉 浦　忠

■本書の使い方・読み方

　本書は，QCサークル活動のためのQCストーリーの手引書です．QCストーリーを活用するためにQCストーリーの，

- 問題解決の手順
- 活動後に報告書にまとめる手順
- 体験談として，スライドを作成して発表する手順

の3つの側面を取り上げて，わかりやすく，実践的に活用いただけることを念頭に置いて，それぞれの活動を通して，QCストーリーを身につけていただくことをねらっています．

【本書の読者対象】

　本書の読者対象は，QCサークルリーダー・メンバーの方々，およびQCサークル活動を支援する管理監督者の方々を主な読者対象に置いていますが，QCストーリーの入門書として，部課長スタッフの方々にも幅広くご活用いただけます．

【使　い　方】

　第Ⅰ部のQ&Aから第Ⅳ部の活用事例まで，目的に応じて，QCサークルの実践の中で，次のような使い方ができます．

① 　職場内の勉強会におけるテキストとして利用する．なお，本書に掲載されている各種の事例に対応した社内事例を加えることにより，さらに理解しやすいテキストとすることができる．

② 　QCサークル研修会講習会のテキストまたは参考書として利用する．

③ 　自己啓発のための参考書として，特にQCサークルリーダー，およびQCサークルを直接指導される管理監督者の方々の自己啓発に最適である．

④　日常の QC サークル活動，問題解決活動，報告書のまとめ，発表の準備
　　など，それぞれの場において，疑問に思ったとき，よくわからないときの
　　手引書として活用する．

【読 み 方】

本書の読み方を次にあげます．

①　第Ⅰ部の Q&A では，QC ストーリーについての日頃の疑問や悩みにつ
　　いて答えているので，まず第Ⅰ部を読んで QC ストーリーの概要をつかん
　　だ後に第Ⅱ部を読む方法が，スムーズな理解につながる．

②　QC ストーリーの基本は第Ⅱ部で解説してあり，第Ⅲ部は第Ⅱ部の応用
　　である．したがって，第Ⅱ部は必ず読んでいただきたい．

③　第Ⅲ部と第Ⅳ部は，報告書の作成や発表準備の段階で読んでもよいが，
　　第Ⅰ部から第Ⅳ部までを通して読むほうが，QC ストーリーについての理
　　解をより深めることができる．

④　本書の編集の方針として，見開きの左ページは解説，右ページは解説の
　　補足として図・表やチェックシートを挿入してある．本書を読む場合のポ
　　イントとする．

⑤　巻末には本書の主要用語の索引が設けてあるので，わからない用語が
　　あったときは字引として活用する．

　本書は，QC サークルを始めとするいろいろな方々が，実際の活動や指導の
体験を通して得られたノウハウの積み重ねによって生まれました．本書によっ
て得られた QC ストーリーの知識を実際の QC サークル活動に活かしていただ
き，あなたの QC サークル活動をより充実させていただくことで，いっそう磨
きのかかった QC ストーリーが生まれることを願っております．

■目　　次

第Ⅰ部　QC ストーリーを活用するための Q&A

第Ⅱ部　QC ストーリーによる問題解決の進め方

第Ⅲ部　QC ストーリーによる報告書のつくり方と発表のしかた

〈執筆分担〉
　杉浦　忠：第Ⅰ部，第 1 章，第 2 章，第 7 章，第 8 章
　山田佳明：第 3 章，第 4 章，第 5 章，第 6 章，第 7 章

第 I 部
QCストーリーを活用するためのQ&A

　　QC ストーリーは職場のいろいろな問題解決を進める
ときの手順として，また，これらの活動を報告書にま
とめたり，発表するときの筋書きとして活用されてい
ます．

　　第 I 部では，QC ストーリーを上手に活用するための
全般的なポイントを Q&A(質問と解答)の形式でまとめ，

　　①　QC ストーリーとは何か

　　②　QC ストーリーの主なステップの急所

　　③　報告書のまとめ方・発表のしかた

などの概略をつかむことができます．

　　このように第 I 部で QC ストーリーのおおよそのイ
メージを理解したうえで，第 II 部～第IV部でさらに実践
的なポイントをつかんでください．

Q1 QCストーリーによる問題解決が科学的問題解決 といわれるのはなぜか？

QCストーリーを使った問題解決が科学的問題解決と呼ばれることがありますが，一般的な問題解決とどのような点が違い，どのような点が科学的なのか，教えてください．

A QCストーリーによる問題解決（QC的問題解決とも呼ばれる）を科学的問題解決と呼ぶことがあります．元来QCストーリーとは，品質管理の一環として改善活動を実施した結果を報告するストーリーとして組み立てられた道具の一つですから，品質管理という科学的な技術の上に構成された科学的な手法といえます．

QCストーリーを使った問題解決には，次のような科学的な側面があります．

① 問題を解決につなげるために必要なものの見方・考え方の基盤が品質管理（QC）という科学的な理論に裏づけられている

② 問題解決の手順が確立され，ステップ化されている

③ 問題解決のプロセスが事実に基づいて進められるように組立てられている

④ 問題解決をする際，QC七つ道具や新QC七つ道具を始めとする科学的な手法がある

QC的問題解決と科学的問題解決，一般的な問題解決の位躍づけは図のとおりです．

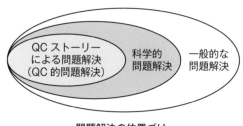

問題解決の位置づけ

Q2

QC ストーリーと QC 的問題解決の手順は
同じか？

発表会や研修会で，QC ストーリーと QC 的問題解決の手順は違うものだと聞きました．どこがどのように違うのでしょうか．また，どのように使い分ければよいのでしょうか．

　両者は基本的には同じものです．QC ストーリーはもともと，QC サークルの行った改善活動を報告する筋書き（ストーリー）として誕生したので，活動をまとめたり，発表する場合に，第三者が理解しやすい筋立てで構成されています．

　一方，QC 的問題解決の手順は，問題解決をしていくうえで必要な手順のみで構成されています．

QC ストーリーの手順と QC 的問題解決の手順

手　　順	QC ストーリーの手順	QC 的問題解決の手順
ステップ 0	はじめに	————
ステップ 1	テーマの選定	テーマの選定
ステップ 2	現状の把握と目標の設定	現状の把握と目標の設定
ステップ 3	活動計画の作成	活動計画の作成
ステップ 4	要因の解析	要因の解析
ステップ 5	対策の検討と実施	対策の検討と実施
ステップ 6	効果の確認	効果の確認
ステップ 7	標準化と管理の定着	標準化と管理の定着
ステップ 8	反省と今後の課題	————

Q3 QC ストーリーと PDCA のサイクルの関係は？

品質管理では PDCA のサイクル（管理のサイクル）を回して問題解決をするようにと説明されますが，PDCA のサイクルと，QC ストーリーの関係はどのようになっていますか．

A PDCA とは，広い意味の管理の概念を示したもので，これで実際の改善活動を行うには内容が大雑把すぎて，かえって実行がむずかしいと思います．QC ストーリーは，この PDCA を改善に使いやすいようにステップ分けしたもの，と考えてもいいでしょう．

しかし，本来はいずれも独立した考え方で内容が確立されているものを，後から関係づけていますから，説明する人で区分けが多少違うこともあります．

QC ストーリーと PDCA のステップの関係をまとめると，次のとおりになります．

QC ストーリーと PDCA のステップ

手　　順	QC ストーリー	PDCA のステップ
ステップ 0	はじめに	
ステップ 1	テーマの選定	
ステップ 2	現状の把握と目標の設定	P（計画を立てる）
ステップ 3	活動計画の作成	
ステップ 4	要因の解析	
ステップ 5	対策の検討と実施	D（計画を実施する）
ステップ 6	効果の確認	C（計画と実施の状況を確認する）
ステップ 7	標準化と管理の定着	A（計画どおりに行くように処置する）
ステップ 8	反省と今後の課題	

Q4
QC ストーリーを使うとなぜ効果的な
問題解決ができるのか？

QC ストーリーを使って活動を行えば効率的に改善が進められ，成果も大きく，効果的な改善が進められるといわれています．本当にそんなにうまくいくのでしょうか．

A よく，「自分たちのサークルはヤル気があるのに，活動がもたついてしまう」，「自分たちは一所懸命やっているのに，改善効果が出ない」ということを聞きます．その多くの原因は，進め方の手順がわからない，どのようにやればいいのか，その方法がわからないということが多いようです．

QC ストーリーは，このようなときに役立ちます．QC ストーリーには，次のような特長があります．

① ものの見方・考え方が品質管理を基盤にしていて，科学的である
② 活動の手順が明確に確立されている
③ 各手順でやるべき活動の中身・内容がきちんと決められている
④ 改善の中身がわかりやすい
⑤ 多くの関係者が内容を研究し，質を高めている

このように，QC ストーリーは問題解決の手順が明確に決まっており，多くの先輩やサークルが実際に活動した経験を反映し，蓄積し，内容を磨き上げているので，その内容はどんどんと進歩し，明確になっています．

そのため，この手順をしっかり守り，やるべきことをやれば当然成果も出てきますし，ムダな作業をせずに，効率のよい問題解決ができます．

しかし，QC ストーリーの効力を最大限に発揮させるためには，品質管理の鉄則である事実重視や QC 手法，統計的手法などを合わせて活用する必要があります．それが，効果的な改善をより強化します．

Q5

QCストーリーのステップの名称が
本によって違うが？

QCストーリー，あるいはQC的問題解決の手順と呼ばれているものでも，ステップや手順の名前が違ったり，ステップや手順の数が違ったりしていることがありますが，どうしてでしょうか．

 QCストーリーやQC的問題解決の内容は，次のとおりです．

① まえがき，会社・職場・サークルの紹介
② テーマの選定と選定の理由
③ 現状の把握とその分析およびばらつきの状況
④ 目標の設定とその裏づけ
⑤ 活動スケジュールと役割分担
⑥ 要因の解析とその検証
⑦ 対策の立案と実施
⑧ 効果の把握と目標との比較
⑨ 標準化と管理の定着（再発防止策と管理状態の確認）
⑩ 活動の反省と残った問題の整理
⑪ 今後の計画（反省内容の活用）

では，なぜ違ったステップの名称や数が生まれてくるのかといえば，その活動を行う企業の性質や活動の内容によって，どのステップに重点を置くかが変わってくるからです．たとえば，活動成果を重視している会社では「目標の設定」を独立させたり，対策を確実にしたい会社では，「対策の立案」と「対策の実施」を分離したりすることもあります．

いずれにしろ，ステップの名称や数が違っても，基本的な考え方は同じですから，実際に行う内容は同じになります．あまり硬直的に考えず応用の幅として考えるとよいでしょう．

Q6 必ず QC ストーリーに沿って活動 しなければならないのか？

問題解決をしたり，活動を発表したりするときに，事務局や推進者から QC ストーリーどおりに活動を進めたり，まとめるように指導されますが，必ずこのとおりにしないといけないのでしょうか.

A 　QC サークル活動だから QC ストーリーで進めなければならないということはありません．QC サークル活動や問題解決がスムーズに進行し，サークルが納得できる成果を得ることができれば，やり方は自由です.

①　QC ストーリーの目的は，活動をやりやすくするためにある

QC ストーリーは活動を簡便にし，成果を大きくすることを目的にしています．QC ストーリーは，1964 年の『品質管理』誌で一般に紹介されて以来，多くのサークルや品質改善に携わる多くの方々によって実践され，磨き上げられた道具の一つです．このため，これを使って改善活動をすると非常に効率的にできることは，すでに多くのサークルで実証されています．また，QC ストーリーで報告したり発表すると，理解されやすいという特長もあります.

②　後で QC ストーリーにまとめることもある

問題を構成する環境や背景によっては，QC ストーリーどおりに進められないこともあります．しかし，自分たちの活動の結果が QC ストーリーに沿っていなかったとしても，別に卑下することはありません．自分たちの活動の結果を堂々と発表すればよいのです．そのおりに，QC ストーリーのよい点を活用して QC ストーリーでまとめるか，独自路線を歩むかは，それぞれのサークルの決断により決めることだと思います.

③　結果は自分たちの責任で

QC ストーリーでいくか，独自路線でいくかの選択は自分たちに任されていますが，その結果は自分たちの責任にあるということを肝に命じておかなければなりません.

Q7 課題達成型のテーマに QC ストーリーは有効か？

職場には，「新企画の行事を行う」，「新製品を別の分野に販売する」など，これまでに経験のない課題を達成するといった種類の問題があります．これらの課題達成型のテーマに QC ストーリーは使えるのでしょうか．

A 一般に QC ストーリーによる問題解決は，現状の悪さ（たとえば部品不良の発生など）を把握し，解析して原因をつかみ，その原因を除去する対策を実施するのが基本ですが，職場には次のようなテーマもあります．

①　**現状レベルを大きく打破したい（たとえば重点製品の拡販など）**
②　**未経験の新しい仕事をしたい（未知の業態への進出など）**
③　**原因がわかっていて，ほぼ対策も見えている問題を早急に解決したい**
④　**起こりそうな問題を事前に発見して対策を打ち，問題発生を抑えたい**

解決したい問題の性質によって活用できるような各種の QC ストーリーが開発されており，テーマにより選択します．

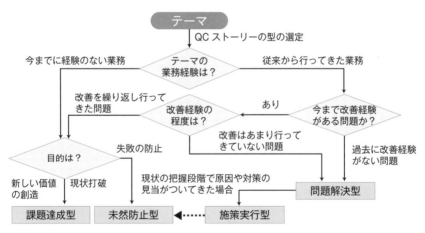

注）　詳細は引用・参考文献3）を参照ください．

解決したいテーマに対応する問題解決の形態

Q8 効果的なテーマ選定はどうすればよいか？

　QC サークル活動を効果的に行うにはテーマ選定が大切だと，推進者から耳に
タコができるほど聞かされていますが，実際に活動してみるとなかなかうまく
テーマ選定ができません．どうしたらできるでしょうか．

　　　　QC サークル活動の活性化は，いかにテーマ選定時にサークルにマッ
　　　　チし，サークルメンバーが納得できるテーマを選定するかが重要です
が，実際のサークルでのテーマ選定は手抜きが多く，安易に決めていることが
多いようです．時間をかけ，じっくりと取り組んでほしいものです．
　テーマ選定は，次のステップで行うとよいでしょう．

① 「問題点とは何か」を自分たちのサークルで定義する

② 定義した基準に基づいて，日常発生した問題点をテーマバンクなどで蓄
　 積する

③ 職場を問題点チェックリスト（4M，ムダ・ムラ・ムリ）などで点検し
　 て，潜在的な問題を洗い出す

④ 集めた問題点を整理する

　 1） 原因がわかっていて，ほぼ対策が見えている問題は，施策実行型 QC
　　　 ストーリーを活用して，迅速に問題を解決する．

　 2） 自分たちの手におえないものは，上司に報告して解決してもらう．

⑤ 整理した問題点を絞り込んでテーマ候補を決める

⑥ サークルで話し合い，テーマ候補の問題点の理解を深める

⑦ 問題点での解決すべきポイントを明確に整理する

⑧ テーマ名を決める

　この中でも一番大切なステップは②と③で，実際に発生した問題点をいかに
リアルな形で蓄積できるかどうかがポイントです．実際に，自分たちが困れば
困るほど活動に対して熱心になり，熱が入ります．

Q9 テーマ選定ではどんな基準で問題点を絞り込めばよいか？

テーマ候補になる問題点はサークルメンバーの協力で多く集まりますが，テーマとして絞り込むとき，どの問題点も重要な問題に見えてしまいます．どんな評価基準で絞り込めばよいのでしょうか．

A QCサークル活動は，テーマ選定で活動の内容が決まってしまうとさえいわれています．そしてその選定の中でも，問題点を集め，それをサークルメンバーの納得いく形で絞り込み，メンバー一人ひとりの参画意欲をそがないようにすることが大切です．

そのためには，絞り込みの段階で全員の意見が集約できていることと，絞り込む過程が科学的であることが必要です．それを整理すると，次のようになります．

① **絞り込みに自分の意見が活かされていること**

② **絞り込む基準が公表されており，その内容が理解でき，納得できること**

③ **改善に対する要求度により評価すること**

  1) 重要性：問題点を改善したときに，自分たちの業務にどれだけ影響を及ぼすか．

  2) 緊急性：その問題を解決する時期．すぐに解決する必要があるかどうか．

  3) 経済性：改善したときの効果の大きさから，改善にかかる費用を差し引いた純経済的な効果．

④ **サークルの改善活動に対する実力により評価すること**

  1) 全員参加：全員の納得できる参加形態がとれるか．

  2) 改善能力：サークルの問題解決能力に見合っているか．

  3) 解決期間：短期間(3〜4カ月)で解決できるか．

  4) 上司方針との結合：上司や職場の方針，課題に結びついているか．

Q10　QC ストーリーでいう「問題」とは何か？

よく，身近な問題点を絞り込んでとか，重要問題や解決すると寄与度の大きい問題点を抽出して……，といわれます．自分たちも"これは問題"とか"重要問題"とよく使いますが，問題の定義がよくわかりません．

A　よいテーマ選定をするには，まず自分たちの納得できる問題を捕捉することから始まりますが，それには，まず問題とは何かを正確に理解する必要があります．

問題とは，一体何でしょうか．この質問に対して，「業務のネック」とか「困ったこと」など，人によってさまざまな答えが返ってくると思います．それは，それぞれの人たちによって問題のとらえ方が違うからで，いずれも間違いではありません．

「問題」あるいは「問題点」とは，目標，計画，目的，希望，要望などあるべき姿やありたい姿という目標になるものに対して，現実の姿との間に"格差"がある状態をいいます．これを表すと図のようになります．

たとえば，「職場はきれいであってほしい」という要望に対し，現実の「ごみが落ちている．油がこぼれている」といった状態との差のことです．この要望や目標に対する現実との差が，「職場の 5S の問題」となるのです．

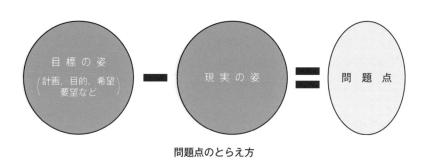

問題点のとらえ方

Q11 なぜ対策をテーマ名にしてはいけないのか？

研修会などで，問題の対策をテーマ名にしてはいけないといわれます．しかし，実際に活動していると，「○○の標準化」とか「○○の整理」といったテーマになることが多いのですが．

A 問題には，Q7で述べたように細かく分けると問題解決型問題，課題達成型問題，施策実行型問題，未然防止型問題などがあり，それぞれの進め方も異なります．その性格の違いによってテーマ名のつけ方の注意点も違ってきます．

通常の問題にはほぼ問題解決型のQCストーリーが使用されます．問題を発生させている原因が不明で，その原因を究明してから初めて対策を立案します．したがって，対策をテーマ名にするということは，初めから対策がわかっている問題を解析することであり，そのような問題はわざわざQCストーリーで改善する必要はありません．

また，テーマ選定時に直感で思いついた対策をそのままテーマ名にすることがありますが，この場合，テーマに表示された対策に惑わされて，実際の対策のステップで効果のある対策が出てこないことがあるので，注意が必要です．

以上のように，問題解決型問題は，対策を思いつく基になった悪さ加減（問題点）をテーマにし，対策はテーマ名にしないほうがよいでしょう．

課題達成型問題は，取り上げた課題をどのように達成するかが主体で，やるべき対策が明確な場合が多いので，対策名をテーマにしても問題はありません．

施策実行型問題は，問題解決の施策が明らかで，いかに効率よく施策を実行するかがテーマになります．このため，テーマに対策が含まれても問題はありません．

未然防止型問題は，問題発生を予測し未然に問題発生を防止することが主体になりますから，こちらも対策が含まれても問題はありません．

Q12　　　テーマ名を活動の途中で変えてもよいか？

悪さ加減を明確にするためデータをとって分析していたら，いろいろなことが
わかったので，活動当初に決めたテーマ名を変えようと思います．活動の途中で
テーマ名を変更してもよいのでしょうか.

結論からいえば，その理由さえはっきりしていれば，自分たちが納得
のゆくテーマ名に変更したほうがよいと思います．

　このような例で悩むサークルは意外に多いようです．最初，納期問題に取り
組もうとして，現状の把握でデータを集めて層別していたら，納期問題よりも
品質問題が大きく影響していて，品質問題を優先して活動する必要が出てき
た，というような場合です．このようなときは，次のような考え方のポイント
を念頭に置いて，柔軟に対応してください．

①　QC サークル活動は自分たちのためにやる活動

　QC サークル活動は，自分たちのサークルが自発的に（自分たちが），主体的
に（自分たちで），自律的に（自分たちにより），自分たちのためにやる活動で
す．自分たちの活動がやりやすくなることを第一に考えると同時に，全員が活
動の筋立てに納得することが重要です．

②　テーマは改善活動の顔

　サークルが活性化するポイントの一つに，メンバー全員が，今サークルとし
て何をやっているかを知っていて，それぞれの知識や能力の程度に応じて参加
し，協力するということがあります．活動テーマは，自分たちの活動を最も明
確に表していることが重要です．

③　テーマの表現をより明確にする

　テーマ名は選定時に決定するため，そのときは悪さ加減があまり明確になっ
ていないので抽象的になりがちです．そこで，現状把握をして目標を立てた
後，具体的に書き直した方がより効果的なテーマとなる場合もあります．

Q13 データはどのようにとればよいか？

QCサークル活動では，悪さ加減をとらえ，分析して，真の原因をつかむためにデータをとることが大切だといわれますが，まず活動に合ったデータをとること自体が困難です．どうデータをとればよいのでしょうか．

A 「データがうまく集まらない」，「データがあってもうまく使えない」ということをよく聞きますが，使えるデータを集めるには工夫が必要です．データをとるポイントは，次のとおりです．

① 自分たちで使うデータは自分たちでとる

データを集め，そして使うためには，いかに自分たちの活動に合致したデータを集め，そのデータを層別し，ばらつきを発見できるかにかかっています．

今までの概念にとらわれて，データは今とられているもの，すでにとられているものと思っているサークルも多いようですが，本当に自分たちのためになるデータは，自分たちで工夫し，努力して，自分たちでとる必要があります．

② 目的に合ったデータをとる

データは，自分たちが改善しようとする問題の姿をきちんと表しているものでなければなりません．そのためには，自分たちの目的に合った事実をどのような特性で表すか，「何を，どのように，何で表すか」が重要です．いうなれば，自分たちの目的に合うデータをとる工夫を，いかにサークルで行っているかにかかっています．

③ 最新のデータを使う

データは事実の代用特性です．事実は発生したそのときが最も新しく，時間とともに古くなります．現在あるデータを使う場合には，本当に事実を表しているかどうか注意することが必要で，むしろ"最新のデータを，自ら集めて使う"ぐらいの気持ちが必要になってきます．データは，"必要とした人が，必要なときに，必要なだけ"集めることが大切です．

Q14
効果的な現状の把握をするには
どうすればよいか？

　QC サークル活動では，現状の把握が大切だといわれています．このステップは，現状の悪さ加減が出ればよいと思うのですが，発表会の講評で，効果的な現状の把握になっていないといつも酷評されてしまいます……．

A　現状の把握は，問題解決をするうえで最も大切なステップですが，現状を漠然と表せばいいだろうという程度に，簡単に思われていることが多いようです．その結果が，発表会でのきつい指摘となって返ってくるのだと思います．

　現状の把握のポイントは，次の 3 項目です．

① **現状の悪さ加減の姿を表す管理特性を明らかにし，データをとる**

② **そのデータを層別する**

③ **層別の結果からばらつき（層による違い・格差）を見つける**

　このばらつきがはっきりするところまで現状の把握ができていれば，次の解析のステップでは，「ばらつきを発生させている原因」を追究すればいいので，問題解決がスムーズに進みます．現状の把握のステップで現状の姿しかとらえられず，ばらつきを追究できなければ，解析が上滑りになって，真の原因に対して対策がとれず，成果もあまり期待できません．

　そこで効果的な現状の把握をするには，次の 2 つのことが大切になります．

1) 問題点の姿を的確に表すデータをとる

　データのことを直接的・固定的に考えず，サークルでどのようなデータで現状を把握したらよいか，全員でアイデアを出し合って検討してみます．

2) 層別が可能なデータのとり方を工夫する

　データは層別できなければ意味がありません．あらかじめ層別することを考慮してデータをとることが大切です．

Q15

　現状の把握で苦心してデータを集め，分析すればするほどいろいろなことがわかってきて，自分たちが思っている方向からずれ，これからどうやればいいかわからなくなってしまいます．どうすればよいのでしょうか．

A　多くのサークルは，現状の把握のステップでは多くのデータを集めることが必要だということで，データと名のつくものを集められるだけ集めてしまいます．そして，集めたデータを次々に分析するので，その分析されたデータはいろいろな事実を語り出して，さまざまな答えを教えてくれます．そうこうしているうちに，だんだんと自分たちのサークルの目指していたものと違ってきているような錯覚にとらわれ，結果的に自分たちのサークルで何をやったらよいか，わからなくなってしまうことがよくあります．このようなときの着眼点は次のとおりです．

①　自分たちの「改善のねらい」を明確に

　まず，現状の把握に入る前に，自分たちの活動のねらいをサークル全員で確認をしておいてほしいと思います．ねらいを確認しないまま，現状の把握でデータを調べた結果，悪さの実態がいろいろな項目で出てくるために目移りして，方向か決められないのです．

②　目的をもってデータを集める

　「データでものを言え」といっても，がむしゃらにデータを集めろといっているわけではありません．データは自分たちの改善をより効率的に，科学的にするために必要なものですから，自分たちの活動の目的・ねらいに合った集め方を，サークルでよく話し合って行うことが大切です．

　しかし，ここで気をつけなければいけないのは，データは自分たちの都合のよいように集めてはいけないということです．データは，あくまでも母集団の品質の姿を表すように，ランダムにサンプリングしなければなりません．

Q16　目標設定のタイミングは，どの時点が最適か？

QC サークルの研修会で QC ストーリーの教育を受けましたが，そのとき，QC ストーリーでの目標設定は，現状の把握の後にするようにと教えられました．問題点によってはもっと早くできると思うのですが．

A　一般に，現状の把握をした後で目標設定するのは，現状の把握で問題点の悪さの姿を分析してから目標を設定すれば，目標が明確・確実なものになるからです．しかし目標設定は，問題によっていろいろな場面で設定できます．目標設定のタイミングの例を次にあげます．

①　テーマ選定と同時に決定する場合

内容が明確で，達成すべきターゲットがすでに明らかになっている問題を取り上げたときに多いケースです．上司の課題にリンクしたテーマを選定した場合や，上流や下流の要求に合わせて問題を改善するときは，たいがいこのケースになります．

このタイプの目標設定は，「自分たちの目標」という意識が稀薄になり，メンバーの挑戦意欲が盛り上がらないことがあるので，目標に対する意識づけが必要です．

②　現状の把握をした後で決定する場合

最も一般的な目標設定で，現状の把握で分析を行った後に設定するので，目標の納得性が高く，挑戦的な目標設定がしやすくなります．テーマ選定時に仮目標を立て，品質の姿が明確になったところで，本当に自分たちのサークルに合った本目標を設定し直すという，高度な組み立て方もできます．

③　解析後に設定する場合

問題が複雑な場合に起こる，ごく特殊なケースです．解析で原因がはっきりして，対策も見えていることが多いので，目標が惰性的な決め方になりがちですから注意が必要です．

Q17　　　　　　　　　　　目標はどう決めればよいか？

　目標は非常に重要だと教えられていますが，自分たちの活動ではなかなか設定の根拠がはっきりせず，多くの場合"半減"とか"撲滅"といった目標になりがちです．どうしたらうまい目標設定ができるのでしょうか．

A　取り上げる問題点によって目標設定は変わってくるので，これといった決め手はありません．むしろ，目標設定のもつ意味を理解して，そのうえで自分たち自身が納得できる目標を決めることが大切です．そのポイントは次のとおりです．

①　なぜ目標を決めるのか

　なぜ目標を決めるかといえば，基本的には自分たちの活動を評価する尺度を自分たちで設定するためです．QCサークル活動は自主性を非常に重視している活動ですが，その自主性には，次の3つの要素が不可欠です．

　1)　自発性：自分たち自らがやろうとすること
　2)　主体性：自分たち自らが主役でやろうとすること
　3)　自律性：自分たちの活動の結果は自分たちで判断・評価すること

②　なぜ自分たちで目標を決めるのか

　自分たちで自発的に目標を決めることは，主体性を発揮することにつながります．また，その達成度を自分たちの目で確認することで，自律性が出てきます．自分たちが誰からの指示も受けず，挑戦的目標をつくってそれが達成できたときは，サークル活性化の源となる「達成感・満足感・充実感」が出てきます．

③　目標はなぜ数値化する必要があるのか

　目標は定性的に決めず，定量的(数値化)にしなければならないと強くいわれています．これは，数値目標は達成・未達成の判定が非常に明確にできるからで，その判定によって「達成感・満足感・充実感」が出てくるからです．

Q18　活動計画はもっと早い段階で決めたほうがよいのでは？

QCストーリーでは，現状の把握の後で活動計画を立てる順序になっていますが，テーマ選定から現状の把握までのスケジュール管理ができません．もっと早いステップで計画を立てたほうがよいと思いますが．

A　一般には，活動計画は独立させて，現状の把握の後に設定します．これは活動計画を，自分たちの活動を自律的に運営するうえで最も大切なステップと位置づけているためです．しかし，QCストーリーのステップは，実際には各項目のどこを重要視するかで，その順番をあえて変えることも考えられます．活動計画のポイントを次にあげます．

①　活動計画は活動の監視役

QCサークル活動は，自主的な活動の中から「達成感・満足感・充実感」が得られると，より活性化した活動になっていきます．その中で，「自分たちの手で，自分たちの意思によって，自分たちの活動」にする一つの方法が，この活動計画です．自主的活動にするには，自分たちの活動自体にもPDCAのサイクルを回していく必要があり，その基礎となるのが活動計画です．上司や支援者に計画を知らせ，活動の援助をとりつける目的もあります．

②　活動の全貌が明らかになったときに決める

現状の把握をすると，問題点や目標も明らかになり，活動の全貌が明らかになります．この時点で活動計画を立てれば，現状の品質の姿が明確になり，目標も具体的になっているので，ただ漫然と計画を立てるのと違って，計画自体の精度が上がります．

③　計画立案までは暫定計画を立てよう

質問にもあるとおり，このやり方ではテーマの選定から現状の把握までは無計画の活動になってしまうので，活動計画を立案するまでは暫定計画を決めて，計画的に行うことをおすすめします．

Q19 現状の把握と解析を区別する方法は？

　活動の途中や活動報告書を提出したときなど，QCサークルの推進者からよく，現状の把握と解析を混同していると指摘されます．現状の把握と解析の境目がはっきりしないのですが，どこが違うのでしょうか．

A　体験事例などを聞いていると，現状の把握をしているのに，いつの間にか解析に入ってしまい，現状の把握と解析が"ゴチャゴチャ"になっているサークルをよく見かけます．問題がうまく解決できればそれでもかまわないのですが，多くの場合，あまりうまくいっている例を見かけません．現状の把握と解析は，はっきり区別する必要があります．

　現状の把握と解析の違いを次に示します．

①　結果系の分析が現状の把握

　現状の把握は，「悪さ加減」をつかまえて，それを分析し，取り上げた問題点の実態，問題点の構成や分布の状態などを，QC手法を使いながら明らかにすることで，あくまでも現象(行動の結果)を分析することです．現状の把握を現状分析と呼ぶこともありますが，現状を分析することを明確にするという点で，よい言葉かもしれません．

②　原因系の追究が解析

　現状の把握でつかまえた，結果系の悪さの発生原因を追究するプロセスが解析です．いいかえれば，現状の把握が結果の分析に対し，解析は原因の追究ですから，現状の把握と解析は明らかに違うものです．

③　現状の把握と解析の基本的な区分

　通常は，問題点の全体の姿がわかる結果のデータをとらえ，そのデータを要因別に層別して，要因別のばらつきを明確にします．そして，そのばらつきを発生させている原因を追究するというステップをとります．このばらつきを把握するまでが現状の把握の段階で，それ以降が解析の範囲になります．

Q20

要因の解析で多く使われている
特性要因図の枝払いとは何か？

特性要因図のつくり方の中に，「枝払い」という言葉があります．特性要因図にも直接関係ないし，あまり聞き慣れない言葉だと思いますが，これは一体何のことでしょうか．

A　QCストーリーの解析のステップでは，特性要因図が多く使われます．特性要因図はメンバー全員で，それぞれが思いのままに特性（要因によってつくり出される結果）に対する要因（原因と思われるもの）を出し合って，これを系統的に整理してつくります．

　枝払いとは，数多く出された要因の中から重要要因を絞り込んでいく過程で，特性と無関係な要因を取り除く方法のことです．枝払いを上手に行えば，効率的に重要要因を絞り込むことができます．

　次に，特性要因図の枝払いのポイントをあげます．

① **無関係な要因をあらかじめ取り去る**

　枝払いとは，もともと杉や檜(ひのき)などをまっすぐにスクスクと育てるため，不要でムダな下枝や枯れた枝を伐採するという意味の言葉です．特性要因図の枝払いもまったく同じで，重要要因を絞り込む前に，特性に無関係な要因を取り除くことをいいます．この枝払いをすると，特性要因図自体がすっきりして，重要要因の絞り込みがやりやすくなります．

② **枝払いの手順**

1) 明らかに無関係と思われる要因を取り除く．
2) その後再び，特性と要因の結びつきをサークルメンバーで吟味する．
3) 疑わしい要因を事実で確認する．

③ **枝払いの注意事項**

1) メンバーの合意をとりながら枝払いする．
2) 払いすぎると特性要因図の効力がなくなり，逆効果となる．

Q21 目標は必ず達成しなければいけないのか？

発表会で自分たちの活動を発表しました．活動は真剣に，全員が苦労してやったので，それなりの達成感があって発表準備も盛り上がりましたが，目標未達と酷評されました．

 QCサークル活動にとって，改善活動の目標を達成することは大切なことです．では，その理由を考えてみましょう．

① 目標必達が第一条件

QCサークル活動は，自分たちが納得して活動してこそ，「ヤッタ！」という実感が出て，活動自体が活性化し，QCサークル活動の目指す目的(基本理念)が達成できます．それは活動の結果がうまくいけば，「達成感・満足感・充実感」が生まれて，活動への参加意欲が盛り上がってくるからです．

自分たちが自ら立てた目標を達成できたかどうかで，活動がうまくいったか，そうでないかの判断の一つになります．そのため，目標は必ず達成しなければならないのです．

② 達成のための努力が大切

発表会の講評でも指摘されたと思いますが，QCサークル活動の基本は，対策を実施して効果を把握した結果，目標と比較して未達成ならば前のステップに戻って原因追究をやり直し，再度挑戦して達成するのが鉄則です．その目標達成の努力が，「粘り強い活動」とか「PDCAのサイクルを何回も回している」と高い評価を受けるのです．

③ 目標は慎重に立てる

QCサークル活動の評価では，寄与度の大きい要因に注目する「重点主義」と，達成感を醸成する「目標必達」の2つの項目が重要視されるため，目標設定はじっくりと行うことが大切です．"○○の撲滅"という言葉は，相当の覚悟で取り組むことが前提になり，安易に使う言葉ではないと思います．

Q22

改善効果を高めるには
どのステップに力を入れたらよいか？

メンバー全員で QC ストーリーに沿って努力していますが，なかなか思いどおりの改善効果を上げるまでに至っていません．QC ストーリーのどのステップが重要なのか，教えてください．

A 　一般的に，QC ストーリーの中のテーマ選定と現状の把握の 2 つのステップの内容が効果を決めるといわれています．この 2 つのステップのやり方次第で，改善活動の効果の大部分が決まります．それぞれのステップには，それぞれやらなければならないステップとしての役割があります．それをよく理解して実行することが大切です．

次に，テーマ選定と現状の把握の注意点をあげます．

①　テーマ選定が抽象的なとき

テーマ選定時に，問題のとらえ方が抽象的で，漠然としたとらえ方をしている場合があります．問題のとらえ方が漠然としていればいるほど，原因追究が上滑りして甘くなり，その結果，効果が出ないことにつながります．テーマは，サークルでじっくりと検討して，納得のいく選定を心がけましょう．じっくりと検討しているうちに，サークルメンバー一人ひとりの理解度が深まり，効率のよい活動につながっていきます．

②　現状の把握が浅いとき

現状の把握が表面的になっている場合です．一番ひどいときは，テーマ選定，現状の把握，そして解析の各ステップともみんな同じレベルの問題のとらえ方をしていることがあります．たとえば，テーマの選定で「職場の問題」ということを問題とし，現状の把握でも「職場の問題」ということでそのデータをあげ，解析でも「職場の問題」で特性要因図を書いているというような場合で，各ステップでの検討が表面的になっています．

Q23 標準化と管理の定着の具体的な内容は?

対策をしっかり標準化して実施してこそ効果が維持できるといわれますが, なかなか標準化がうまく行かず効果が長続きしないで困っています. 標準化と管理の定着の具体的な内容を教えてください.

 標準化と管理の定着のステップは歯止めともいわれるもので, 対策の実施効果を持続させる施策を実施し, 対策の後戻りを防ぐステップです.

① 標準化は効果のあった対策の持続策

実施する内容は, 実施した対策の中で効果があった対策を標準化して, その利き具合を管理して効果を持続させます. 標準化とは, マニュアルなどでいつ・誰が行っても同じ手順でムダなく作業が行えるようにすることです.

実施したすべての対策を標準化しているサークルが多いようですが, 標準化は重点志向でしっかり成果の上がる標準化をするほうが効果的です.

② 標準化と管理の定着は4つのステップで構成する

このステップは, ①マニュアルなどで標準化, ②教育・訓練, ③マニュアルの実施, ④効果の定着度合いのチェック, の4つのステップで成り立っていて, どれか1つでも欠ければ, 効果的な施策にはなりません. このステップではマニュアルが強調され, マニュアルを制定や改訂すればよいと思っている人が多いようですが, 標準化と管理の定着の一部であることを忘れないでください.

③ 標準化と管理の定着の注意事項

1) マニュアル化・標準化だけで終わらないこと.

2) マニュアル化の内容を関係者に伝達すること.

3) マニュアル化の内容はできる限りフールプルーフ化(ポカヨケ)すること.

4) 標準化実施の効き具合を管理図などでチェックすること.

5) 問題が再発したらマニュアルの実施具合やその効果を確認すること.

Q24　水平展開のやり方にはどんな方法があるか？

　サークル活動の効果は，活動の成果を同じような仕事をやっている他の職場に水平展開（横展開）し，多くの職場で利用・活用することでより大きくなると思います．サークルでできる水平展開の方法を教えてください．

A　QC サークルの効果の水平展開は，サークル自身がやるのではなく，本来サークルが所属する部署の管理・監督職が他部署に積極的に働きかけたり，推進事務局が推進のしくみとして実施すべき問題だと思います．このため多くの会社では，サークルニュースなどで事例を紹介したり，発表会などを開催して活動成果の水平展開を試みています．また，発表会を聞いた経営トップから，部課長などに水平展開の指示が出ることも多いようですが，サークル自身でできることも数多くありますので，そのポイントを次にあげます．

①　自分たちの成果をやさしくまとめ，発表する

　水平展開の第 1 ステップは，自分たちが実現できた成果を，第三者にわかりやすく報告書にまとめたり発表して，理解してもらうことです．素晴らしい活動でも，理解できなければ利用できません．そこで，共通認識のある「QC ストーリー」で活動をまとめることも重要になります．

②　他のサークルの成果は積極的に活用する

　日本人は "まねる" ということに対して，基本的なところで拒否観念をもっています．このため，同じようなところで同じような苦労をして活動している様子をよく見かけますが，このようなことは会社にとっても，社会にとっても実に効率が悪いことになります．『QC サークルの基本』でも，「相互啓発」という言葉で発表会や交流会の開催を勧めたり，身近なところではサークル会合でも相互に刺激を与え，勉強することを強調しています．

　相互啓発は，相手のよいところを積極的に盗むぐらいに考え，ノウハウを自分たちのために活用するのが得策です．

Q25

QCサークル活動や改善活動は，実施した結果の反省が大切だとよくいわれます．効果を上げた活動も反省するようになっていますが，なぜ反省するのでしょうか．また，効果的な反省はどうすればできるのでしょうか．

A QCサークル活動は，品質管理活動の一環として実施している活動です．ですから，活動の進め方を科学的に行うために，"結果よりプロセスを重視する"ことを実践するために反省を大切にしています．

次に，効果的な反省のポイントをあげます．

① 効果的な改善は反省から始まる

品質管理の中核をなす考え方の一つに，「PDCAのサイクルを回す」があります．広義に考えると，このPDCAのC（確認）とA（処置）の2つのステップが反省に当たります．特にPDCAのサイクルは，CA-PDCAと反省から入ってこそ効果が出るとさえいわれています．

② 効果的な反省とは

一般に反省とは，悪かったところを取り上げることをいいますが，品質管理の反省は，「悪かった部分」はもちろん，「よかった部分」も合わせて取り上げます．悪かったところとよかったところが発生した理由をサークルで突き止めて，今後の取組みで悪かったところは再発しないように，よかったところは次からもよく行えるように実施して，サークルを成長させていきます．サークルの運営面でもPDCAのサイクルを回さなければよいサークルにはなりません．

③ 反省は具体的に

取り上げた反省事項は，次の活動に活かしてこそ効果があります．次の活動に活かせるか，活かせないかの違いは，反省がいかに具体的にできるかどうかにかかっています．具体的に反省するためのポイントは，狭い範囲で具体的に，しかも実際に起こったことを材料に反省することです．

Q26　今後の計画では必ず次回のテーマを決めておく必要があるか？

今後の計画のステップで，次回の活動テーマを出しているサークルが多いようですが，次回で取り上げるテーマを発表会で公表すれば，今後の取組みのステップをクリアしたといえるのでしょうか．

A　QCストーリーの優れている点の一つは，反省と今後の計画という2つのステップが，活動自体を見直す機会として，あらかじめ"しくみ"として設定してあることです．それを忠実にクリアしていけば，改善活動をやることでサークル活動自体が成長できるように組み立ててあります．

①　反省をどう活かすか

今後の計画では，まず最初に，前のステップで反省した項目をどのように活かしていくかを検討して，具体的な実行方法をまとめることです．よかった点は次のテーマでどのように活かしていくか，悪かった点は再現させず，いかに改めてよくしていくかを具体的に検討します．

②　やり残したテーマを整理して，テーマ候補としておく

QCサークル活動は継続して実行し，大きな効果に結びつけていきます．その大きな理由の一つは重点志向にあり，問題解決に少ない投入工数で，最大効果を上げることに徹しています．このため大きな問題点からつぶしていく活動になるので，問題点を細分化して小さい問題にしたうえで，活動を継続して行い，問題点を徹底的に押さえ込むことが大切です．このため，やり残した問題点を整理し，テーマ候補を決めておくことは非常に大切なポイントです．

③　今後の計画を立てる

上記の2つの項目を反映し，継続した活動にもっていけるように具体的なスケジュールを立てておきます．これによって，次の活動をうまく立ち上げられます．

以上のことから，単なるテーマ名だけの今後の計画では不十分です．

Q27　なぜ QC ストーリーで報告書をまとめるのか？

せっかく苦労して活動した結果を報告書にまとめたのですが，QC ストーリーになっていないと注意されました．QC ストーリーで報告書をまとめるとはどういうことなのでしょうか．

A 　QC ストーリーは，そもそも QC サークル活動の報告書をまとめるために考案されたものです．活動を終えて報告書を作成するたびに，そのまとめに苦労しているサークルのために，まとめ方を標準化したものです．実施してきた内容を QC ストーリーのステップに沿ってまとめることにより，わかりやすく，しかも効率よく報告書を作成することが可能となります．

QC ストーリーで報告書をまとめることによるメリットは，次のとおりです．

①　科学的な理論に裏づけられている

品質管理(QC)のベースとなる科学的なものの見方・考え方に裏づけられているので，QC ストーリーを適用することにより，効率よくしかもわかりやすい報告書を，いわゆる QC 的に簡潔にまとめることができます．

いいかえれば，報告書に必要な，次の条件を備えていることです．

- 理論性：品質管理のものの見方・考え方でまとめられる．
- 厳密性・簡潔性：QC がベースなので，理論がしっかりしており，QC 手法などの具体的な道具を兼ね備えていて，ムダがない．

②　誰が見てもわかりやすい

QC ストーリーは QC 的に報告書をまとめる道具として広く普及し，一般化しているので，誰が見ても同じ土俵の上に立って見ることができます．

③　しっかりとした活動の反省ができる

活動のステップがはっきりしているため，QC ストーリーで報告書をまとめることにより，しっかりとした活動の反省ができます．

Q28　なぜ改善内容をまとめて報告したり，発表する必要があるのか？

やっとの思いで改善活動を終えたら，今度は発表です．経過について時間をかけてまとめたり，発表したりするのは時間の無駄で，自分たちが体験してきただけで十分だと思うのですが．

A　あなたが QC サークル活動を始めたときのことを思い出してください．QC サークル活動についてのいろいろな知識を，どうやって学びましたか．先輩や仲間から教わったこともあるでしょうが，活動の全体像を学んだ場は発表会であったはずです．

　発表会では，問題解決のしかたを始め，QC 手法の書き方・使い方，サークルの運営のしかたなどが実体験に基づいて報告されるために，わかりやすく，いろいろなことを学ぶことができ，いわば相互啓発の絶好の機会となっています．もちろん，発表サークルにとっては，メンバーが力を合わせて問題解決をしてきた内容を発表する "晴れの舞台" であることはいうまでもありません．

　次に，改善内容をまとめ，報告・発表するメリットをあげます．

①　まとめをすることにより確実な反省ができる

　活動経過を報告書やスライドにまとめることにより，活動そのもののまとめができ，同時にきちんとした反省もできて，活動の大きな区切りとすることができます．そしてそれが次のレベルアップにつながります．

②　認められることにより達成感が増大する

　多くの人の前で発表し，活動での苦労や努力を認めてもらうことが，活動の喜びとともに，これからの活動に対しての自信へとつながり，「達成感・満足感・充実感」をさらに大きく味わえます．

③　人前で話すことで能力が向上する

　筋道を立ててわかりやすく話をする訓練になり，人前で話す能力の向上と，自信につながります．

Q29 　　　　　上手な発表の技術と心がまえとは？

　人の発表を聞いていると，上手に発表しているなと思うのですが，いざ自分がやるとなると，どうすればいいのかわかりません．発表にはコツがあるのでしょうか．

A　　ひとくちに発表といっても，いろんな目的や種類の発表会があります．また場所が変われば聞く人もそれぞれ変わります．ごく身近な課内の発表会などでは，活動過程で作成した資料をそのまま使った発表で済みますが，全社大会や外部大会ではそれなりの準備が必要です．ですから発表の目的，種類，聞く人の層などによって，準備のしかたも変わってくるということです．

　発表には普通，報告書，スライド，そして口頭説明の3つがかかわってきますが，その基本は聞く人の立場に立った，わかりやすさが第一となります．それぞれの詳細については，本書の第Ⅲ部を参照してください．

　発表の心がまえを，次にあげます．

　① **自信をもって発表する**

　自分たちが実際に行ってきた活動の発表，いわば体験談の発表なのですから，自信をもって発表してください．

　② **わかりやすさが基本**

　どんなに素晴らしい活動内容でも，聞く人にわかってもらえないのでは意味がありません．まず，わかりやすく発表することに努めてください．

　③ **発表を通してレベルアップ**

　発表の大きなメリットは，活動経過をまとめることによって，活動全般を振り返ることができることです．問題解決の進め方，QC手法の書き方や使い方，サークルの運営のしかたなどについて，よかった点や悪かった点をきちんと反省する絶好の機会です．そして，発表の力もつけることができます．この発表のチャンスをうまく利用して，さらに飛躍できるようにしてください．

Q30　上手に図・表を作成するためのポイントは？

　発表会で，図や表が効果的に使われていて感心するのですが，どうしたらあのように上手に作成することができるのでしょうか．上手に図・表を作成するためのポイントを教えてください．

　　　　図や表は，QC サークル活動ばかりでなく，普段の仕事，あるいは家庭の中でも随所に活用できる場があり，たいへん便利な道具です．特に図の場合は，QC 七つ道具に代表されるように，図化することによってそこから多くの情報を得ることができますし，また誰が見ても一目で訴えるべきものを理解することができます．図・表を作成する際の一般的なポイントを，次にあげます．

①　目的に合った図・表を用いる

　まず，目的に合った図や表を使うことが大切です．そのためには，さまざまな図や表の特徴を知っておく必要があります．発表会は，図や表の使い方を勉強するよい機会ですので，普段から注意して見てください．

②　正確に書く

　正確に書くことが大切です．特に人に見せる場合はなおさらです．線や点，あるいは面積が，事実・データを表現しているのですから，間違った解釈をされないよう，データ分析ソフトや図画ソフトなどの道具を使って，正確に書きます．

③　図・表のタイトルやデータの履歴を明示する

　その図・表を作成した目的をはっきりさせるため，図・表のタイトルを明記するとともに，データの履歴も忘れずに書きます．

④　発表時は図・表のサイズに注意する

　図や表を発表に使う場合は，小さくなり過ぎないように注意が必要です．小さくて何が書いてあるのかわからないのでは，意味がありません．

Q31
スライドにうまく対応した
発表原稿の書き方は？

発表は何回か経験していますが，スライドと発表原稿を対応させるところでいつも苦労しています．どのようにしたらよいのか，作成のコツを教えてください．

A スライドは，発表と切り離せない関係にあり，それだけに発表をより効果的に演出する大切な道具です．しかし，発表における中心は口頭による説明であり，スライドはあくまでも補足で，口頭説明をわかりやすくする手段であることを忘れてはなりません．

口頭で説明する内容をすべてスライドに書き表すことは不可能であり，視覚に訴えるというスライドの特徴をよくつかんだうえで，発表に織り込むことが大切です．したがって，発表の準備に際しては，スライドと発表原稿のそれぞれの役割を明確にする必要があります．それらが一体になって初めて素晴らしい，わかりやすい発表が実現できるのです．

次に，上手な発表原稿作成のポイントをあげます．

① **しっかりした発表内容のあらすじ(ストーリー)をつくる**

まず，これから発表しようとする内容のあらすじをしっかりつくることが重要です．このあらすじに沿って報告書やスライド，発表原稿を作成していきますので，ベースとなるあらすじづくりに力を注ぎます．このあらすじづくりがスライドとうまく対応した発表原稿作成や発表全体が調和させる大事なポイントになります．

② **スライドによる表現の特徴を活かす**

　1)　口頭で表現しにくいものの表現の自由度が高い(形，構造，レイアウトやデータの分析など)

　2)　読ませるのではなく，見せることで強力にアピールできる(スライドの表現は視覚に訴えることが目的)

第 Ⅱ 部
QCストーリーによる
問題解決の進め方

第Ⅱ部は，次の2章から構成され，QCストーリーによる問題解決の進め方のポイントを，フローチャートや事例を使いながら解説してあります．

第1章　QCストーリーとは

QCストーリーの構成と各ステップの概略，QCストーリーとQC手法の関係，QCストーリーとPDCAの関係．

第2章　QCストーリーによる問題解決の進め方

各ステップでの詳細実施事項と，QC手法の具体的な活用方法，事例．

QCストーリーとは

　第1章は，QC ストーリーの概要を学習する章として，QC ストーリーの基礎的な項目を解説してあります．

　内容は，次の3ブロックで構成されています．

① 『新版 QC サークル活動運営の基本』に基づいた QC ストーリーの基本的な構造

② QC 手法（QC 七つ道具，新 QC 七つ道具）の簡単な解説と QC ストーリーとの関係

③ QC サークル活動のなかで活用する際のポイント

以上の QC ストーリーの要点を理解しだうえで積極的に活用し，より成果が得られるように，効率よく自分たちの活動を行いましょう．

1.1　QC ストーリーとは

　QC ストーリーとは，PDCA のサイクル（管理のサイクル）を細分化して具体的なステップにしたもので，改善活動のプロセスや手順を活動報告書にまとめたり，発表するときに使うストーリー（筋書き）のことをいいます（図 1.1）.

　QC ストーリーは，最初はまとめ・報告・発表の手順として用いられていましたが，しだいに改善活動の手順として使用されるようになりました．その内容は，『新版　QC サークル活動運営の基本』で，問題解決の手順として紹介されている手順に，発表やまとめの理解を促進させるために，職場の紹介や反省などを追加したものです.

　QC ストーリーの各ステップの名称と，その概要を図 1.2 にまとめました.この図は，QC ストーリーのポイントを整理してまとめてありますから，実際の活動の折にハンドブック的に使うと，さらに効力が発揮できます.

　たとえば，サークル会合の折にこの図を参考にしながら議事を運営すれば，会合をスムーズに進めることができます.

　また，図 1.3 の「図解による QC ストーリー」では，QC ストーリーの流れをイラストで表してあります．この図は，研修会や学習会で，QC ストーリーの概略の構成を強く印象づけて説明することを目的に構成してありますので，活用してください.

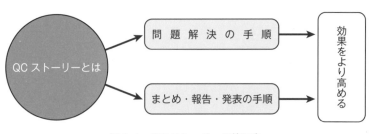

図 1.1　QC ストーリーの使い方

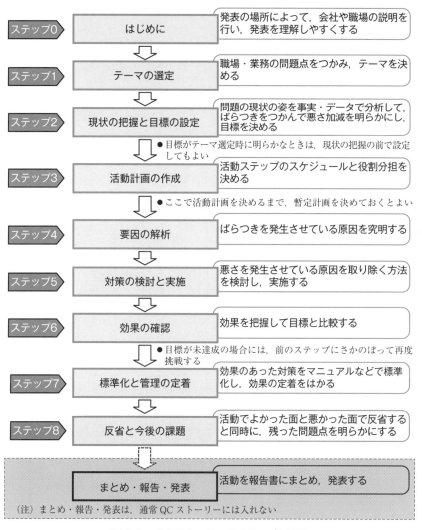

QCストーリーのステップ

| ステップ0 | はじめに | 発表の場所によって，会社や職場の説明を行い，発表を理解しやすくする |

| ステップ1 | テーマの選定 | 職場・業務の問題点をつかみ，テーマを決める |

| ステップ2 | 現状の把握と目標の設定 | 問題の現状の姿を事実・データで分析して，ばらつきをつかんで悪さ加減を明らかにし，目標を決める |

●目標がテーマ選定時に明らかなときは，現状の把握の前で設定してもよい

| ステップ3 | 活動計画の作成 | 活動ステップのスケジュールと役割分担を決める |

●ここで活動計画を決めるまで，暫定計画を決めておくとよい

| ステップ4 | 要因の解析 | ばらつきを発生させている原因を究明する |

| ステップ5 | 対策の検討と実施 | 悪さを発生させている原因を取り除く方法を検討し，実施する |

| ステップ6 | 効果の確認 | 効果を把握して目標と比較する |

●目標が未達成の場合には，前のステップにさかのぼって再度挑戦する

| ステップ7 | 標準化と管理の定着 | 効果のあった対策をマニュアルなどで標準化し，効果の定着をはかる |

| ステップ8 | 反省と今後の課題 | 活動でよかった面と悪かった面で反省すると同時に，残った問題点を明らかにする |

| | まとめ・報告・発表 | 活動を報告書にまとめ，発表する |

（注）まとめ・報告・発表は，通常QCストーリーには入れない

図1.2　QCストーリーのステップと概要

図解によるQCストーリー(1)

⓪ はじめに

　会社や工場，自分たちの職場やサークルの紹介，テーマの背景になった工程の説明をして，発表をわかりやすくする

① テーマの選定

　問題を集めて，テーマ選定に至るプロセスを明確にする

② 現状の把握と目標の設定

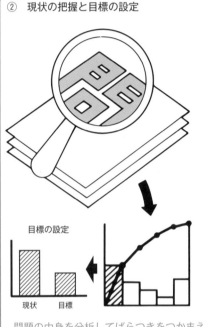

目標の設定

現状　　目標

　問題の中身を分析してばらつきをつかまえ，目標を決める

③ 活動計画の作成

　○○サークル計画

　活動の計画と役割分担を決める

④ 要因の解析

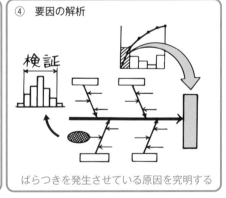

検証

　ばらつきを発生させている原因を究明する

図1.3　図解によるQCストーリー

問題解決

図解による QC ストーリー（2）

⑤　対策の検討と実施

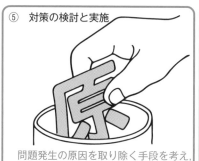

　問題発生の原因を取り除く手段を考え，実行する

⑥　効果の確認

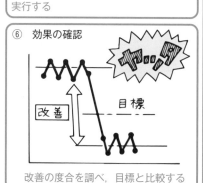

　改善の度合を調べ，目標と比較する

⑦　標準化と管理の定着

　効果のあった対策を持続させる手段を実施し，定着をはかる

⑧　反省と今後の課題

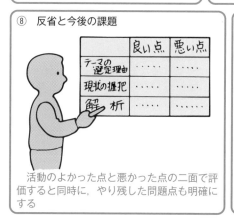

　活動のよかった点と悪かった点の二面で評価すると同時に，やり残した問題点も明確にする

まとめ・報告・発表

　活動を報告書にまとめ，スライドを作り発表の準備をする

図 1.3　つ づ き

1.2　QC ストーリーの３つの効力

QC ストーリーそのものは問題解決を効率よく，よりやさしく行うための問題解決の定石です．QC ストーリーによって問題解決を進めると，次の３つの効力が期待されます（図 1.4）．

（1）　効果を高める

職場の問題点は QC サークル活動で改善しているが，今一歩その効果が出ないと悩んでいるリーダーは少なくないと思います．そしてその多くは，「テーマの選定」と「現状の把握」のいずれかのステップのやり方がまずい場合に起こります．

それは「テーマの選定」で思いつきの問題を取り上げ，「現状の把握」では現象の把握で終わってしまい，内容を分析してからばらつきを突き止め，寄与度の高い項目に絞り込んでいないためです（改善効果決定領域）．

（2）　効果を持続する

QC サークル活動の改善は，活動を終えてすぐ効果がなくなると上司の評価が低かったり，活動の評価が割り引かれたりすることがあります．これは「標準化と管理の定着」のステップのやり方が甘いため，悪さが再発しているからです．もう一度自分たちの活動を振り返ってみましょう（改善効果持続領域）．

（3）　能力が向上する

反省で自分たちの活動の「よいところ」と「悪いところ」をできるだけ具体的に洗い出し，よいところは次回以降の活動でも活かし，悪いところを正していけば，自然とよい活動につながります．その結果，自分たちの活動が知らず知らず向上し，また個人の能力も向上していきます（能力向上領域）．

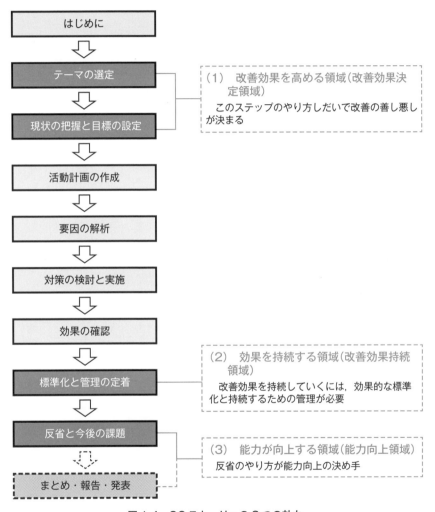

図 1.4　QC ストーリーの 3 つの効力

1.3　QCストーリーとQC手法

　QCサークル活動では，科学的手法の活用が求められます．ここでは代表的な，「QC七つ道具」と「新QC七つ道具」を紹介します．

　QCサークル活動では，定量的にデータで問題解決を進めることが基本です．このため，言語データを用いる新QC七つ道具を使って得られた結果は，必ず事実や数値データで確認することが大切です．

　表1.1に，QCストーリーの各ステップにおいて用いると効果的なQC七つ道具と，新QC七つ道具の各手法を示しました．この表を参考にして活用してください．

　なお，表1.1は，QCサークルが実際にQCストーリーの各ステップで活用した実績を集めてプロットしてあります．発表や活動報告書では，短い時間や狭いスペースの中で，いかに自分たちのサークル活動の内容をより多く伝え，より正確に理解してもらうことが大切です．手法を適切に使えばそれが実行できますので，1つでも多く手法を使ってみましょう．

（1）　QC七つ道具

　QC七つ道具（通称：Q7）は，簡単な手法のわりには効力が大きく，QCサークル活動で最もポピュラーに使用されています．特性要因図以外は数値データをあつかい，図示化することで品質の姿を感覚的にとらえることができます（図1.5）．

（2）　新QC七つ道具

　新QC七つ道具（通称：N7）は，言葉や文章などの言語データを主としてあつかう手法で，最近，事務・販売・サービス部門の職場で多く活用されるなど，改善に大きな効果を出しています．しかし，言語データは抽象的になりやすいので，事実をしっかりと把握することが大切です．

　改善が上滑りになったり，活動の時間や苦労がムダにならないように，結論は必ず事実や数値データで確認をとることに注意してください（図1.6）．

QC ストーリーと QC 手法

表 1.1　QC ストーリーのステップで用いられる QC 手法

QC 手法		QC ストーリーのステップ	⓪はじめに	①テーマの選定	②現状の把握と目標の設定	③活動計画の作成	④要因の解析	⑤対策の検討と実施	⑥効果の確認	⑦標準化と管理の定着	⑧反省と今後の課題
QC七つ道具	①グラフ・管理図	棒グラフ	◎	●	●		●		●	●	
		折れ線グラフ	●	●	●				●	●	
		円グラフ	○	◎	◎		◎		◎	◎	
		帯グラフ	○	○	◎		◎		○		
		ガントチャート				●		●		◎	
		レーダーチャート	○	◎	○				◎		●
		アイソグラフ	◎	○							
		管理図		○			○		◎	●	
	②特性要因図			◎			●	○		○	○
	③パレート図			○	●	●			◎		○
	④層別		●	○	●	●	●	●	●	○	
	⑤チェックシート			○							
	⑥ヒストグラム			○	◎		●		●		
	⑦散布図		◎	○	○		○		○		
新QC七つ道具	①連関図			○			●	○			
	②系統図			◎			●	●	○	○	●
	③マトリックス図		○	◎			●	●			
	④親和図			●	○		○	○			○
	⑤アローダイアグラム			○	○	●		○		○	
	⑥PDPC			○			○	●	○		
	⑦マトリックス・データ解析			○			○				

(注)　●：有効なもの　　◎：よく使われる　　○：使われる

QC 七つ道具（1）

棒グラフ

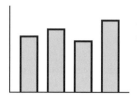

データの大きさの比較を行うグラフ.

ガントチャート

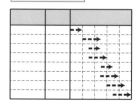

活動計画などに用いられ、役割分担とスケジュールを表すのに便利.

折れ線グラフ

データの時系列の変化を見るグラフ.

レーダーチャート

複数のデータの変化を表すのに便利.

帯グラフ

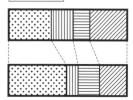

データの割合の変化を比較するグラフ. 使い方によっては変化の見方がとてもわかりやすくなる.

円グラフ

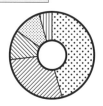

データの割合を表すグラフ.

アイソグラフ

グラフの表示単位を、人形やものの形で表現するため理解が早く、表現がやわらかい.

$\bar{X}-R$管理図

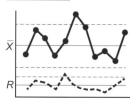

部品の寸法・硬度、製品の重さ、内容物などの計量値の平均値と、ばらつきの範囲の管理図.

図1.5　QC七つ道具の概要

QC 七つ道具（2）

p 管 理 図

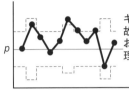

工程の不良率，キズの発生率，事故率など計数値における不良率の管理図．

c 管 理 図

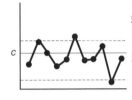

一定の長さ，面積，体積などの中に含まれるキズやピンホールなどの欠点数の管理図．

特性要因図

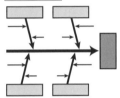

特性に影響している要因を洗い出し，系統的に整理する．

多くの要因を一覧でき，初心者からベテランまで幅広く活用できる．

パレート図

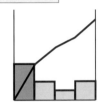

寄与度や影響度合いが表現でき，原因や問題点の絞り込み，効果の確認など，重点志向をしたいときに使う．

層　　　別

	個　　　数
A	○○○○
B	●●●●●
C	▲▲

時間，場所，種類・機種や症状など，データを似た者同士で分けて見る．

データを解析するときには，層別することが第一歩．

チェックシート

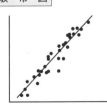

データを採取したり，装置や行動を点検するときに使う手法．

この手法の設計によって，層別の質が決まる．

ヒストグラム

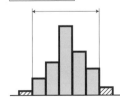

データのばらつきや分布の状態を見るときに使い，規格値との関係を見る．工程能力指数（C_p）や標準偏差（s）などもここから導ける．

散　布　図

対になったデータの関係を検討し，関係の有無の解析に使う．

図から回帰直線を求めたり，符号検定ができる．

図 1.5　つ づ き

新 QC 七つ道具（1）

連 関 図

　連関図とは，原因－結果，目的－手段など
が絡み合った問題について，その関係を論理
的に繋いでいくことによって，問題を解決す
る手法．
　この手法は，数人のメンバーで数回にわた
って連関図を書き改めていく過程でコンセン
サスを得たり，発想の転換を可能にして問題
の核心を探り，解決に導いていくのに効果的
である．

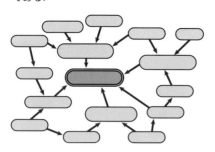

系 統 図

　VE の機能分析に用いる機能系統図の考え
方，つくり方を応用した手法．目的，目標，
結果などのゴールを設定し，このゴールに
到達するための手段や方策となるべき事柄を，
目的－手段の連鎖で展開していく．
　系統図の作成過程や結果から，問題解決へ
の具体的な指針，施策を得ることができる．

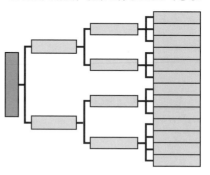

マトリックス図

　行に属する要素と，列に属する要素により
構成された二元表の交点に着目して，二元的
配置の中から問題の所在や問題の形態を探索
したり，二元的関係の中から問題解決への着
想を得たりする．
　交点を「着想のポイント」とすることで，
問題解決を効果的に進めることができる．

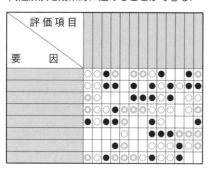

親 和 図

　親和図は，未来・将来の問題，未知・未経
験の問題など，モヤモヤしてハッキリしない
問題について，事実・意見・発想を言語デー
タでとらえ，それらの相互の親和性によって
統合することで，解決すべき問題の所在・形
態を明らかにしていく手法．

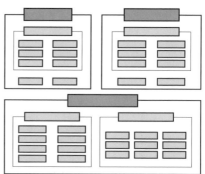

図 1.6　新 QC 七つ道具の概要

新QC七つ道具(2)

アローダイアグラム

アローダイアグラムは，QCサークル活動の活動日程計画など，特定の計画を進めていくために必要な作業の関連を，ネットワークで表現する手法.

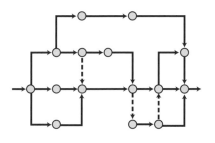

ＰＤＰＣ

PDPCは，目標達成のための実行計画が不透明だったり，予期せぬトラブルが発生したときなど，事前にさまざまな方向から予測して，プロセスの進行をできるだけ望ましい結果に導く方策を出し，問題の進展とともにその予測を修正しながら，よい結果にもっていく手法.

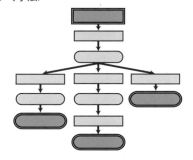

マトリックス・データ解析

マトリックス・データ解析は，マトリックスにおける要素間の関連が定量化できた場合に，これを計算によって見通しよく整理する方法.

新QC七つ道具の中で，唯一数値データをあつかう手法.

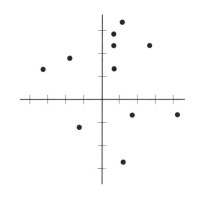

言語データとは

QCサークル活動では，事実に基づいたデータで管理することを基本にしている．しかし，事実は数値データだけで表現されるとは限らず，中にはお客様の不満など，言葉で表現されるものも多い.

これらの言語情報も事実を表したデータには変わりがないので，「言語データ」と呼んで新QC七つ道具で整理され，問題解決に活用されている.

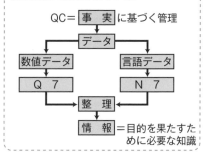

図1.6　つ づ き

1.4 QCストーリーとQCサークル活動

QCサークル活動とは，職場の仲間と小グループを組んで，自分たちの作った製品やサービスの問題を改善し，それらの品質を高める活動をいいます．活動を通して個々人の能力を向上させ，働きがいのある明るい職場づくりを行って，自分たちの会社の体質を改善させ，発展に寄与することが目的です（図1.7）．

（1） まとめ方の道具としての活用

QCサークル活動は，職場の問題点をみんなで話し合って解決する活動が主体になっています．これを一般的に，改善活動と呼んでいます．自分たちの活動を正確に理解してもらうことも非常に大切で，そのためには，QCストーリーでまとめることが必要です．

1） 改善活動とそのまとめ

活動の経過を活動報告書にまとめたり，職場の仲間や，上司の前で体験談として発表を行うことが，多くの場合義務づけられていて，そのまとめ方はQCストーリーを使って行われています．

2） 公正な評価が必要

活動を正確に理解してもらい，公正に評価してもらうことが，QCサークル活動ではとても大切です．そのときにQCストーリーが役に立ちます．

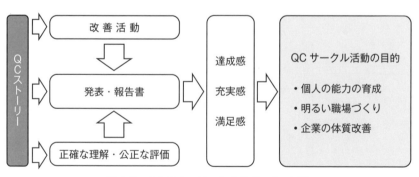

図1.7 QCストーリーとQCサークル活動

(2)　改善の道具としての活用

　QC サークル活動は，職場の身の回りの問題点を職場の仲間と改善すること
を中心にして，仕事の質，サービスの質をよりよくしていきます．この改善活
動自体も，QC ストーリーを使って行うと効率よく実施できます．

1)　PDCA で問題点を改善する

　PDCA のサイクル(管理のサイクル)とは，「ものごとを管理する基本のこと
で，まず計画(P)を立て，それに従って実施(D)し，その結果を確認(C)して，
必要に応じてその行動を修正する処置(A)をとるサイクル」のことです．

　問題点の改善は，一般的には PDCA のサイクルを回して行うといわれてい
ますが，これだけでは抽象的で実際の活動ができません．

2)　PDCA をわかりやすくする

　そこで QC ストーリーは，PDCA のサイクルの考え方を活かしながら，実
際に活動しやすいステップに分けてあります．QC ストーリーのステップに
沿って活動していけば，問題解決の手順が明確になって，QC サークルの活動
がやりやすくなります．ですから，QC ストーリーの正確な理解が最初に必要
になってきます(図 1.8)．

　すなわち，QC ストーリーは第 I 部の Q3 の表のように，PDCA に対応して
いますので，QC ストーリーに沿って QC サークル活動を行えば，品質管理の
原点ともいわれる PDCA のサイクルを回すことになります．

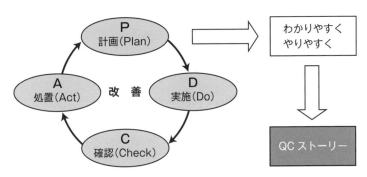

図 1.8　QC ストーリーと PDCA のサイクル

コーヒーブレーク ①

QC ストーリーの生い立ち

QC ストーリーの起源は，石川県小松市にある㈱小松製作所・粟津工場で，QC サークル活動をさらに活性化させるために「QC サークル運営の円滑をはかるための手引書」をまとめ，その中で QC サークル活動の成果をわかりやすく報告する手順のことを"QC ストーリー"と呼んだのが始まりといわれています．

そしてこれが，1964 年に『品質管理』誌で紹介されたのが，QC ストーリーが一般に知られた最初で，この文献は 1965 年に日経品質管理文献賞を受賞しました．

最初は報告書をまとめるストーリー

このように QC ストーリーが使われ出したころは，報告書をまとめるツールとして生まれたわけですが，これを使って報告すると"なるほど，わかりやすい"と認められ，広く普及しました．

問題解決の手順としても活用

改善活動を行い，QC ストーリーで報告書にまとめようとすると，「この部分がない」とか「あの部分が埋まらない」と，実際の改善活動とそぐわない部分も出てきました．そこで，QC ストーリーのステップそのもので問題点を解決すれば，ステップどおりに報告書がつくれるため，しだいに改善活動の手順として使われるようになってきました．

まとめと改善活動の定石の二面で活用

このように改善活動の問題解決の手順が非常に整理され，わかりやすくなると同時に，活動の効率化にも大きく貢献することがわかり，今日では報告書をまとめる手段としてはもちろんのこと，改善活動の手順・定石としても普及・活用されるようになってきました．

QCストーリーによる
問題解決の進め方

　第2章は，QC ストーリーで問題解決を進めるとき
の各ステップでの実践的なポイントを，次の3構成
で解説してあります．

　①　ステップのポイントを簡潔に

　QC ストーリーの各ステップで，「実際に何をやら
なければならないのか」という必要項目を，できるだ
け詳細に箇条書きにしました．

　②　ステップをフローチャートで図解

　QC ストーリーのステップで核になる項目と，QC
手法をフローチャート風にまとめて図解しました．

　③　活用事例で紹介

　実際に外部大会で発表会などにより使用された報告
書(一部)を掲載し，その内容の優れている点，改善し
て欲しい点などを解説しました．実際の事例で QC
ストーリーのポイントをつかんでください．

ステップ 0　はじめに

　改善事例を発表するときは，まずそれらの改善のベースとなる会社・職場や，サークルの紹介が必要です．会社や職場の紹介は，発表を聞く人たちによって，その内容を変えなければなりません．職場内の発表会であれば業務内容の説明はほとんど要りませんが，全社大会では必要になります．社外の QC サークル大会ではすべてが必要になります（図2.1）．なお，本ステップは問題解決の手順では不要ですが，報告書にまとめるときは必要となります．

（1）　会社の紹介をする

　外部の QC サークル大会などで発表するときは，会社概要を要領よく紹介する必要があります．ただし，会社の宣伝にならないように注意してください．

＜ポイント＞

♣　会社の所在や環境．　　　♣　主な営業品目または製造品目．

♣　会社の規模や特徴．　　　♣　会社の QC サークルの活動状況．

（2）　職場の紹介をする

社内大会でも，事業部・全社大会のような規模の大きい大会では必要です．

＜ポイント＞

♣　サークルが担当している業務の概要．

♣　上・下流を含む工程の流れとサークルが担当している工程．

♣　改善の対象となっているプロセスの説明．

（3）　サークルの紹介をする

課内や部内などの職場の発表会でも，簡単に紹介したほうがよいでしょう．

＜ポイント＞

♣　年齢差や男女の人数など，メンバーの構成．

♣　活動の工夫やチームワークの保ち方などの，サークルの特徴．

♣　サークルが心がけている活動目標・指針・方針，スローガンなど．

問題解決

ステップ 0　はじめに

| （1）　会社の紹介をする | ・会社の所在地，製造品目や規模を説明する.
・会社としての QC サークル活動状況を説明する. |

| （2）　職場の紹介をする | ・職場の内容や自分たちのサークルの位置付けを説明する.
・改善の対象になった工程を説明する |

| （3）　サークルの紹介をする | ・サークルの構成やメンバーの特徴を説明する.
・サークルの履歴やスローガンなど，サークルの理解を促進する説明も加える. |

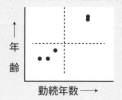

図 2.1　はじめにのフローチャート

事　例　1　サークルの状況をグラフで紹介した事例

◆　ポイント
1) サークル方針でサークル活動の目的を明確にしている.
2) 年齢と経験年数の散布図でサークル内がベテランと若手の二極化の構成を示している.
3) サークル診断の内容をレーダーチャートで表し，サークルレベルを明確にしている.

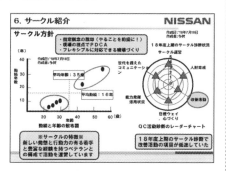

（日産自動車・ガッツサークル）

ステップ1　テーマの選定

テーマの選定は，QCサークル活動で改善活動を行ううえで一番大事なステップです（図2.2）．上司の押し付けやリーダーの独断でテーマを決めると，活動がうまく進まないことが多いので，全員で合意するまで検討してください．

（1）　問題点を探し出す

1）　テーマ選定のコツ

よいテーマ選定の最大のポイントは，具体的な事実で，自分たちの納得できる問題点を集め，解決したいと思える問題点を選ぶことです．

──＜ポイント＞──
- ♣　日ごろから問題点を集め，蓄積(記録)する工夫を行う．
- ♣　メンバーの意見を細かく聞いて問題点を集める．
- ♣　上司に相談して問題点を指摘してもらう．
- ♣　どの問題を取り上げるか，全員で納得するまで話し合って決める．
- ♣　拙速に決めず，ジックリ時間をかける．

2）　問題点を探し出す

問題とは，目標やあるべき姿と，現実の姿とのギャップのことです．身の回りを細かく観察して，問題点を見つけることが大切です．

──＜ポイント＞──
- ♣　日頃困っていること，不便なこと，苦労していることなど，身近な問題点を探し出す．
- ♣　上司方針や職場の課題を細かくかみ砕き，サークルで解決できそうな問題点をつかむ．
- ♣　後工程に迷惑をかけていないか，要望や不満を聞いてみる．
- ♣　既存業務の脆弱性や新規業務の問題発生を想定し未然に防止が必要な問題点を取り上げる．
- ♣　前回のQCサークル活動の反省ややり残した問題点を取り上げる．

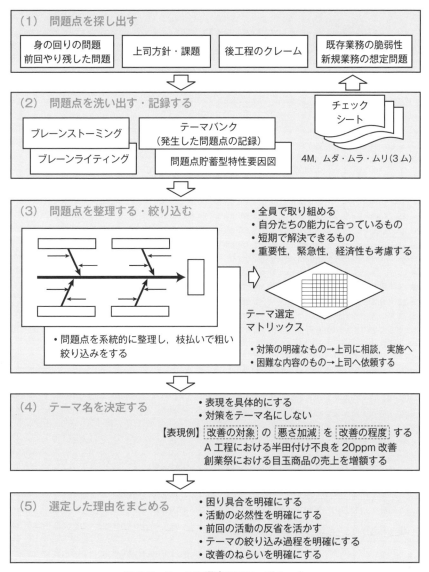

図 2.2　テーマの選定のフローチャート

(2)　問題点を洗い出す・記録する

　問題点は発生したとき，発見したとき，探し出したときに記録してストックしておくことが大切です．

1)　ブレーンストーミングで洗い出す

　ブレーンストーミングやブレーンライティングといったアイデア発想法を活用し，メンバーで多くの問題点を集めます．

【ブレーンストーミングのルール】

　①　「よい，悪い」の批判はしない

　②　自由奔放なアイデアを歓迎する

　③　アイデアは多ければ多いほど良い

　④　他人のアイデアに便乗する

＜ポイント＞

♣　自分の出した問題点は，十分説明して納得してもらう．

♣　パソコンに記録したテーマバンク，問題点ノート，特性要因図などで問題点を蓄積する．

♣　問題点発見チェックシート(4M，ムダ・ムラ・ムリ，5W1H)や失敗モード一覧表などを活用して，問題点を探し出す．

2)　問題点は具体的に表現する

　問題点は抽象的に表現せず，データなどを使って具体的に表します．

＜ポイント＞

♣　悪さ加減を具体的に表す．

　(例：「経費の問題」→「文房具の消費が多く，経費予算を圧迫する」)

♣　データなどを使い，定量的に表す．

　(例：「不良が多い」→「部品不良が100ppm発生している」)

♣　問題点に対策，手段を入れない．

　(例：「作業マニュアルの作成」→「作業の標準化が不足し，作業マニュアルがない」)

問題解決

事 例 2 テーマ選定にマトリックス図を活用した例

◆ ポイント

1) テーマ選定マトリックスは，多数の問題点を評価項目で絞り込むときに使う.
2) 評価の細目がよくわかり，納得性のある絞り込みができる.

② 問題点の評価項目を横軸に配置する．記入されているのはサンプル.

問題点評価項目

改善要求度　サークルの実力

① サークルで集めた問題点を層別して，縦軸に配置する．記入されている項目はサンプルなので，自由に変える.

⑤ 総合評価は評価点を相乗積で表すと評価差を大きくできる.

サークルの問題点		評価点 良い◎＝3点 普通○＝2点 悪い△＝1点	重要性	緊急性	経済性	全員参加	実力発揮	短期解決	レベル向上	総合評価	10　20
身の回りの問題点	問題点A		○	○	○	△	△	○	○	11	
	問題点B		◎	◎	○	△	△	△	○	15	
上司方針・課題	問題点C		△	○	◎	△	◎	△	○	14	
	問題点D		△	△	○	△	△	△	○	9	
後工程のクレーム	問題点E		○	○	△	△	△	○	△	12	
	問題点F		◎	○	◎	△	△	◎	○	16	
	問題点G		○	◎	◎	△	△	△	△	12	
前回残された問題	問題点H		◎	◎	○	○	◎	○	○	19	
	問題点I		○	△	○	○	○	○	△	13	

③ 縦軸と横軸の交点をサークルで相談して評価し，評価マークを入れる．縦軸を通して評価したら，横軸を通して見直し，評価のばらつきを修正する.

④ 評価マークを点数に変換して総合評価を決めるとともに，グラフ化すると見やすい.

事 例 3 テーマ選定マトリックスで選定しデータで確認した事例

◆ ポイント

1) 職場の問題点を集めている.
2) マトリックスの評価項目に，上司方針，緊急性，実現性，経済性，重要性をとっている.
3) テーマ選定マトリックスで評価し，最も評価の高い問題点を選んでいる.
4) 問題点の推移をデータで確認し，緊急性や重要性を確認している.

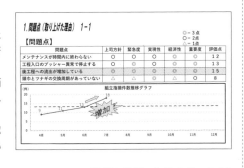

（日野自動車・化粧Aサークル）

（3） 問題点を整理する・絞り込む

1） 重点志向で絞り込む

テーマ選定マトリックスなどを使って，問題点を解決したとき，自分たちの業務などに貢献する度合いの高いものから選びます．

＜ポイント＞

- ♣ 問題点が職場に影響している度合いはどうか（重要度）．
- ♣ 改善を急がなければならない問題点か（緊急度）．
- ♣ 改善したときの効果は大きいか（経済性）．
- ♣ 改善に費やす費用や時間はどのくらいか（経済性）．

2） サークルの実力面からも評価する

自分たちのサークルの能力，実力に合った問題点に取り組みます．

＜ポイント＞

- ♣ サークルの全員が取り組むことのできる問題点か（全員参加）．
- ♣ サークル内の責任で問題を解決できるか（自責の問題）．
- ♣ メンバー全員が能力を十分出せば問題解決できるか（能力発揮）．
- ♣ 解決期間は3～4カ月で収まりそうか（短期解決）．

3） 上司に相談して助言を受ける

問題点を絞り込んだら，上司に報告し意見を聞き，さらに磨きをかけるとともに，サークルが壁に突き当たったときに指導・支援を受ける下地をつくっておくことができます．

＜ポイント＞

- ♣ 上司に相談してアドバイスを受ける．
- ♣ 上司のアドバイスはリーダーの独断で対応しないで，サークルで十分検討して，メンバー全員が納得したうえで対処する．
- ♣ 推進事務局へも相談するとよい．

ポイント

1) 職場の問題点を集めている.
2) テーマ選定マトリックスで評価している.
3) テーマ選定の背景を重要性，コスト，上司方針などデータで明らかにしている.
4) 選定時にQC会合で確認している.
5) 取り組む必要性を評価したうえでテーマを決定している.

（日産自動車・ヨシダーズサークル）

（4） テーマ名を決定する

1） 悪さ退治で表現する

<ポイント>

♣ テーマ名は，「（改善の対象）の（悪さ加減）を（改善の程度）する」と表現する．

（例：「塗装工程の汚れ不良の低減」）

♣ 悪さ加減や改善目標を数値で表現すると，具体的なテーマになる．

（例：「塗装工程の汚れ不良 3.5％を 1.0％に低減」）

2） 対策や手段をテーマ名にしない

<ポイント>

♣ 表面的で応急対応的な展開になることが多いので注意する．

（例：「ファイルの整理整頓」→「書類取り出し時間の短縮」）

♣ 現状把握や解析のない対策先行型になることが多いので注意する．

（例：「マニュアルの作成」→「作業標準化によるミスの防止」）

（5） 選定した理由をまとめる

1） テーマ選定の過程を明確にする

<ポイント>

♣ 問題点をどこから，どのようにして集めたかを明確にする．

♣ 集めた問題点をどんな方法，項目で絞り込んだかを明確にする．

♣ 自分たちの困り具合を表現する．

♣ 上司方針や職場の課題，前回の活動の反省とのリンクも明確にする．

2） 改善のねらいを明確にする

<ポイント>

♣ データの効率的な採取など，活動が効率的に運営できる．

♣ 活動中に何をすべきか，迷うことがなくなる．

縦書き: 問題解決

事例 5　テーマ選定の背景をデータで示した事例

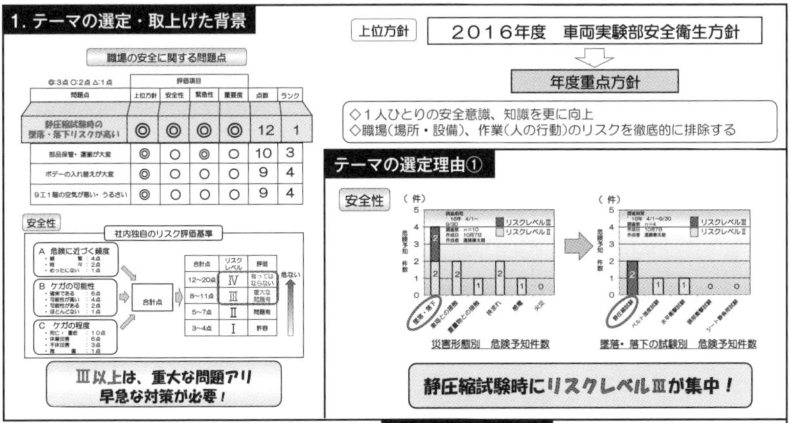

1. テーマの選定・取上げた背景

職場の安全に関する問題点

●:3点 ○:2点 ○:1点	評価項目					
問題点	上位方針	安全性	緊急性	重要度	点数	ランク
静圧縮試験時の墜落・落下リスクが高い	◎	◎	◎	◎	12	1
部品保管・運搬が大変	◎	○	◎	○	10	3
ボディの入れ替えが大変	◎	○	○	○	9	4
9.1階の空気が悪い・うるさい	○	○	○	○	9	4

安全性

社内独自のリスク評価基準

A 危険に近づく頻度
B ケガの可能性
C ケガの程度
→ 合計点

合計点	リスクレベル	評価
12～20点	Ⅳ	危ない
8～11点	Ⅲ	
5～7点	Ⅱ	
3～4点	Ⅰ	安全

Ⅲ以上は、重大な問題アリ　早急な対策が必要！

上位方針　**2016年度　車両実験部安全衛生方針**
→ 年度重点方針
◇1人ひとりの安全意識、知識を更に向上
◇職場（場所・設備）、作業（人の行動）のリスクを徹底的に排除する

テーマの選定理由①

安全性（件）

災害形態別　危険予知件数　　墜落・落下の試験別　危険予知件数

静圧縮試験時にリスクレベルⅢが集中！

テーマの選定理由②

緊急性　開発計画に伴い試験数が増加！

'17年　静圧縮試験予定数

テーマ　静圧縮試験時における墜落・落下リスク低減

◆ ポイント

1) 上司方針と年度重点方針を示している.
2) 職場の問題点を集めている.
3) 安全性の現状レベルを示している.
4) リスクレベルの状況と推移を明らかにしている.
5) 対象業務の予測を示している.
6) 結論をまとめて明記している.

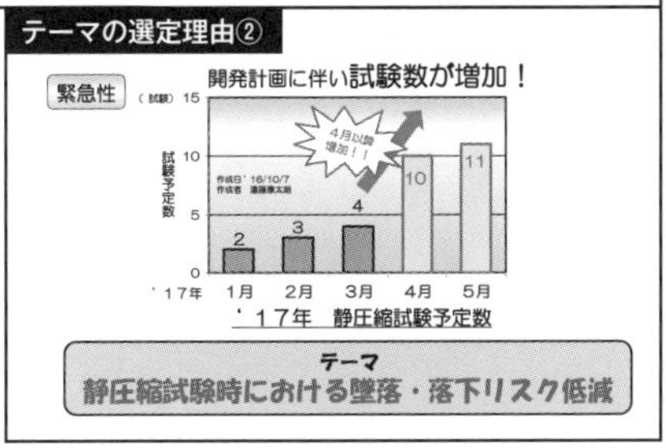

（日野自動車・BREAK サークル）

事例 6　活動の背景からテーマ選定までの経緯を示した事例

◆ ポイント

1) 企業が抱えている問題点からテーマ選定の経緯を明確にしている.
2) テーマ選定の評価の理由を明確にしている.
3) 評価マークを複数にしてサークルの意思を表している.

（TMJ・斉藤塾サークル）

ステップ2　現状の把握と目標の設定

　現状の把握と目標の設定は，取り上げたテーマに関する悪さ加減（現状の姿）を明らかにし，いろいろ層別をしてばらつきを見つけるステップです（図2.3）．

（1）　問題点の現在の姿を明確にする

　問題解決は，問題点の現在の姿を把握し，現状がどのような悪さになっているかをつかむところから始まります．

1）　何が問題点なのかを洗い出す

----＜ポイント＞----

- ♣　サークルで討議して問題点の本質を探し出し，プロセスフローや4Mを使って，問題点を幅広くとらえる．
- ♣　洗い出した問題点を，特性要因図や親和図を使って系統的に整理すると，全体が見えてくる．
- ♣　問題点を代表する特性（管理特性）を明らかにする．

2）　選んだ特性のデータで悪さの事実をつかむ

----＜ポイント＞----

- ♣　三現主義（現場，現物，現実）に基づいて事実をつかむ．
- ♣　「……である」と断定的に表現できるように，現場で現物を直接見たり，触ったりしながら，調査・確認をして事実を把握する．
- ♣　事実はただ見るだけでなく，細かく観察しないとつかめない．

（2）　事実は定量的に把握する

----＜ポイント＞----

- ♣　サークルで検討し，サンプル調査，実験やテスト，アンケートなどで定量的につかむ工夫をする．
- ♣　数値化の工夫をサークル全員で考え，数値データで把握する．

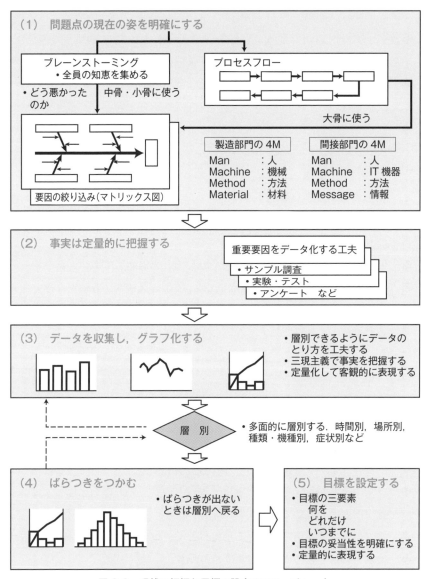

図 2.3 現状の把握と目標の設定のフローチャート

（3）　データを収集し，グラフ化する

1）　定量的に，客観的に

<ポイント>

♣　データは層別ができるように条件を明らかにして，「必要なものを，必要なときに，必要なだけ」とるのがよい．

♣　データは採取したときが一番新しく，時間の経過とともに古くなるので注意する．

♣　自分たちに都合のよいデータではなく，誰が見ても納得ができ，理解できる客観的なデータで示す．

2）　あらゆる角度から層別する

現状のデータを層別して，いろいろな角度から検討します．

<ポイント>

♣　データは原因系のものと，結果系のものとを混同してあつかわない．

♣　層別は時間別，人別，現象(症状)別，種類・機種別，方法別など，あらゆる角度から行ってみる．

♣　層別の結果，各層間に大きな違いが出るまで行う．

（4）　ばらつきをつかむ

層別の結果からばらつきを見つけ，解決すれば寄与度が大きい悪さを取り出します．

<ポイント>

♣　ばらつきをつかむまでいろいろな層で層別する．

♣　多くの事実が集まらないときは，よいものと悪いものを比較して違いを見つけるのも有効である．

♣　悪さ加減は平均値のみで見るのではなく，ばらつきにも注目する．

♣　結果への寄与度の大きいものを取り出す．

事　例　7　データを層別してばらつきを把握した事例

◆ **ポイント**

1) データ把握の背景も明らかにしている.
2) 14 年間のデータを調査している.
3) 調査の状況をコメントしている.

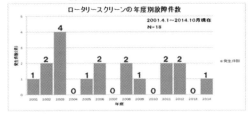

3. 現状把握-1

14 年間のトラブル件数の推移をグラフにまとめるとトラブルの発生頻度は 1～2 件／年間であった. これまでも個別にトラブル対策を打ってきたが, 抜本的な対策には至っていない.

2001～2014 年のトラブル発生件数

ロータリースクリーンの年度別故障件数

2001.4.1～2014.10 月現在
N = 18

◆ **ポイント**

1) トラブル現象別に層別し, 変化点をつかまえている.
2) 層別で 2008 年以降の発生箇所を特定している.
3) 改善の経歴からトラブルの要因を考察している.
4) 故障履歴から MTBF を算出し考察のポイントとしている.
5) 故障の原因を「使用限界を超えたこと」と仮説を立てている.

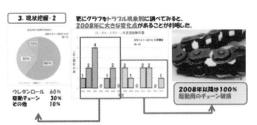

3. 現状把握-2　更にグラフをトラブル現象別に調べてみると, 2008 年に大きな変化点があることが判明した.

ウレタンロール　60%
駆動チェーン　30%
その他　10%

2008 年以降は 100% 駆動用のチェーン破損

2007 年 6 月にウレタンロール破損対策を実施. 2008 年以降, ウレタンロールの破損はないが, 駆動チェーンの破損が顕在化している.

なぜ?

2007 年ウレタンロールの長寿命化により, 一緒に交換していた駆動チェーンを長期間使用することになったので駆動チェーンの破損が顕在化した.

◆ **ポイント**

1) 現状把握の結果から目標を決めている.
2) 目標の三要素で決めている.

4. 現状把握-3　ローラーチェーンの寿命について

調査 1) ローラーチェーン寿命：平均故障間隔(MTBF)
　過去, 9 回の故障実績から算出　MTBF = 3ヶ月／回
調査 2) ローラーチェーンの伸び
　過去 9 回で使用限界を超えたものはないが上限ギリギリで 3ヶ月以上の使用はできないと判断する.

5. 目標の設定　ローラーチェーン破損の真因を追究し, 長寿命化を図る!

【改善前】
チェーン破損トラブル MTBF
現状値：3ヶ月間
年間故障件数 4 件

→

【改善後】
チェーン破損トラブル MTBF
目標値：1 年間
年間故障件数 0 件

（日本ゼオン・テリワンサークル）

(5)　目標を設定する

目標は自分たちの活動を挑戦的にし，実施した結果を確実に把握できる物差しなので重要です.

1)　目標の三要素を明確にする

──＜ポイント＞──

♣　目標の三要素である，「何を(目標項目)，どれだけ(目標値)，何時までに(達成期限)」を決める.

♣　目標は管理特性を数値化して，定量化する.

♣　数値化すると達成の度合が明確になる.

2)　挑戦意欲がわく目標にする

──＜ポイント＞──

♣　目標の必然性・妥当性を明確にする.

♣　目標の設定は，達成できる値よりも，少し背伸びして達成できる程度の挑戦目標としたほうがよい.

♣　予想効果も明らかにする.

3)　代用特性(値)で決める

目標が直接的に数値化できなければ，代用特性で数値化します.

──＜ポイント＞──

♣　代用特性は特性要因図で系統的に整理してみる.

♣　特性に一番寄与度の大きい代用特性を選ぶ.

── ★ワード・メモ★ ──

寄与度：効果に影響する度合のこと．パレート図では，最も左側におく項目を寄与度が一番大きい項目と呼ぶ.

スキル：仕事や業務などを進めるため身につけることが求められる技術や知識，腕前，熟練，技能.

管理特性：プロセスの結果を表す特性であって，それを見ていればプロセスの管理状態を知ることができる特性で，数値で表したもの.

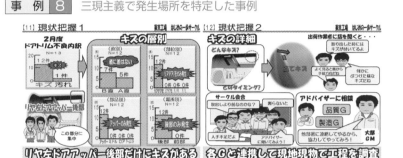

◈ **ポイント**

・テーマの管理特性のデータを把握し多面的に層別して，キズ発生の部署を特定している．

◈ **ポイント**

・絞り込んだキズについて，出荷作業者やアドバイザーと協力して三現主義で調査している．

（トヨタ紡織・はじめの一歩サークル）

◈ **ポイント**

1) 各工程を事実で調査し，製造 G では発生も発見もないことを確認している．

2) 工務 G で発生はないが発見がある．

3) ラインエンドが対象であることを絞り込んでいる．

ステップ3　活動計画の作成

　QCサークル活動は昔から，「計画なくして活動なし，活動なくして反省なし，反省なくして成長なし」といわれ，活動計画も成長の道具として大切にしています．活動計画は，初めからそんなにうまく立案することはできないようですが，何回も経験していくうちに，キッチリとした計画が立てられるようになります（図2.4）．

（1）　活動スケジュールを決める

　活動計画は，自分たちの活動を自律的に運営するため，また，よい反省をするために必要なものです．

＜ポイント＞

♣　活動計画は，問題解決の各ステップを「いつまでに」終了するかをスケジュール化する．

♣　前回の活動で進め方や運営で反省事項があれば，計画に盛り込む．

♣　各ステップの実績をそのつど書き込み，スケジュール管理を行う．

♣　計画と実績が大幅にずれたときは，修正する対策を実施する．

♣　忙しい時期は活動の保留などを考慮する．

（2）　役割分担を決める

　役割分担は活動を活性化するための大きな要素の一つです．一人ひとりの個性や長所を活かした“適材適所”で決めることが大切です．

＜ポイント＞

♣　活動ステップの役割を決める．

♣　サークル運営の役割（テーマリーダー，書記など）を決める．

♣　自己申告など，自主性を発揮させる．

♣　個性や長所，個々がもつスキルなどを活かし，得意な役割を担当してもらう．

♣　経験は成長につながるので，メンバーの成長・教育面も考慮する．

ステップ 3　活動計画の作成

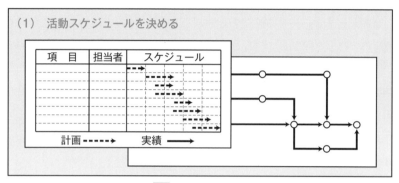

（1）活動スケジュールを決める

・各ステップをいつまでに終了するか計画する
・「何を，どれだけ，いつまでに」を明確にする

（2）役割分担を決める　　・活動ステップごとに役割分担を決める

図 2.4　活動計画の作成のフローチャート

問題解決

事　例　9　ガントチャートで活動計画表をつくった事例

◆ **ポイント**

1）ガントチャートで活動計画表をつくっている．
2）テーマリーダー制をとっており，役割分担している．
3）出来事を吹き出しで記入し，記録している．

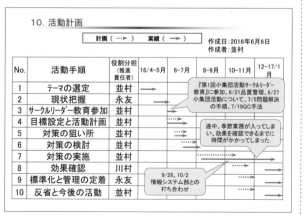

（プレス工業・K.O.U.S.E.I.JK サークル）

ステップ4　要因の解析

要因の解析は，現状の把握でつかまえたばらつきを発生させている原因を究明するステップで，一般に仮説を立てて要因を多く洗い出し，重要な要因を絞り込み，それを実験などで検証して，真の原因を突き止めます(図2.5).

(1)　要因を考える

要因の洗い出しは，現状の把握で突き止めた，ばらつきのある悪さを特性として，その要因(原因と思われるもの)を想定してできるだけ多く出して追究します.

<ポイント>
- ♣　サークル全員で特性に関する要因をできるだけ多く洗い出す.
- ♣　ブレーンストーミングなどの手法を使って要因を洗い出し，特性要因図などで整理して見える化する.
- ♣　整理したら再度サークルで見直し，要因を追加する.

(2)　要因を深く追究する・絞り込む

数多く出された要因の中から，重要と思われる要因(重要要因)を次のいずれかの方法で絞り込みます.

<ポイント>
- ♣　事実・データや実績で絞り込む.
- ♣　サークルのメンバーの意見を集約して絞り込む.
- ♣　上司やスタッフの技術や，専門知識で培われた経験と勘で絞り込む.

(3)　重要な要因をデータ(事実)で確かめる

絞り込んだ重要要因が真の原因であるかどうか，事実・データで検証します.

<ポイント>
- ♣　再度データや事実で仮説を立てて要因を確かめる.
- ♣　事実で検証できないときは，実験・試行で悪さを再現してみる.

問題解決

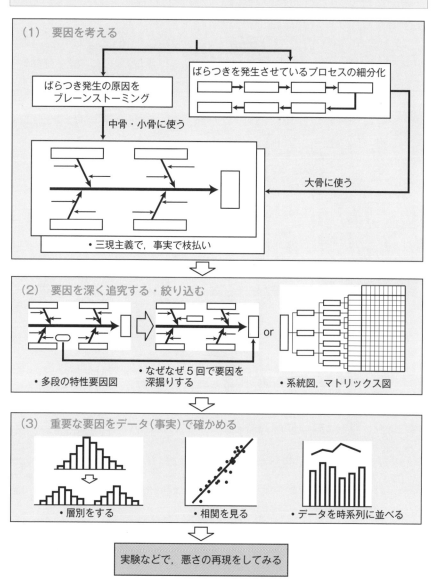

図 2.5 要因の解析のフローチャート

事例 10　多くの要因から重要要因を絞り込み，検証で確定している事例

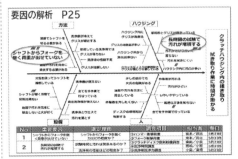

要因の解析　P25

◆ ポイント

1) 多くの要因を洗い出して，特性要因図で見える化している．
2) 重要要因を絞り込み，選定の理由を明らかにしている．
3) 重要要因の検証項目を明確にしている．
4) 調査担当者，期日を明示して実施を担保している．

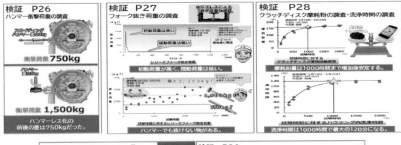

検証　P26　ハンマー衝撃荷重の調査

検証　P27　フォーク抜き荷重の調査

検証　P28　クラッチディスク摩耗粉の調査・洗浄時間の調査

検証　P29　洗浄剤洗浄力の調査

検証　P30　検証のまとめ

◆ ポイント

1) ハンマーの種類による出力荷重を実験で調べている．
2) 必要な抜き荷重を実験で詳細に調査し，相関図にして最大荷重を明確にしている．
3) 試験時間と摩耗粉，試験時間と洗浄時間の関係を調べ，相関関係を表している．
4) 各種洗浄剤の洗浄力や洗浄時間を実験で確認してコスト比較なども加え使用洗剤を特定している．
5) 検証をまとめて結論を明確にしている．
6) 検証結果を一覧表にまとめ，その結果で必要な対策条件を出している．

（日野自動車・こだま A サークル）

事例 11　重要要因を事実で検証して特定した事例

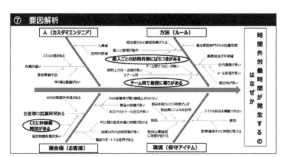

◆ ポイント

1) 洗い出した特性要因図で体系的に整理している.
2) 重要要因を太字と丸で囲み明確にしている.

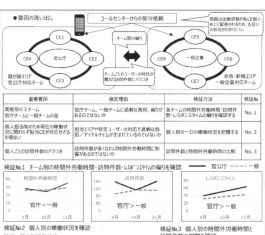

◆ ポイント

1) チームでの業務特性が違うことを把握している.
2) 重要要因の選定理由，検証方法を明らかにしている.
3) 重要要因と検証結果とを検証番号をつけて紐づけている.
4) 検証した内容をグラフ化して時間的変化を示している.
5) 個人別稼働状況のばらつきを色分けして示している.
6) 訪問件数と時間外労働時間を相関図で示している.
7) 検証でわかった事実をまとめ，原因か否かの結論を明確にしている.

（コニカミノルタジャパン・ビックラーメンサークル）

ステップ5　対策の検討と実施

　対策には，応急対策（現象・結果に対応した対策）と恒久対策または再発防止対策（発生原因を究明し，その原因を取り除く対策）があります．応急対策で問題点の拡大防止や火消しを行い，その後にじっくりと原因を追究して，恒久対策を打つことが大切です．応急対策を実施すると，症状が弱まったり，一時的に消えることがあるので恒久対策を忘れがちですから，注意します（図2.6）．

（1）　対策を立案する

要因の解析で突き止めた原因を発生させないように対策を行います．

＜ポイント＞

♣　確認した原因別に対策を立案する．

♣　実現の可否は考えず，幅広く，多くの対策を考える．

♣　自責で実施できる対策を優先する．

♣　実施する対策を絞り込む．

♣　上司やスタッフの意見を積極的に取り入れる．

（2）　実施計画を作成する

実施する対策が決まったら，実施計画を作成します．

＜ポイント＞

♣　「何を，だれが，いつまでに，どれだけ」を決める．

♣　役割分担を大切にし，「一人一役，全員主役」を積極的に取り入れる．

（3）　自力で効果を確かめつつ対策を実施する

対策を実施するときは，上司の確認，了承が必要です．

＜ポイント＞

♣　まずは自力で実施することを優先し，次に上司の協力を仰ぎ，最終的に他職場の力を借りることも考える．

♣　複数の対策を実施するときは，対策ごとに効果をつかむ．

問題解決

ステップ 5　対策の検討と実施

(1)　対策を立案する

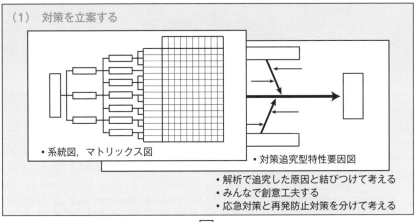

・系統図, マトリックス図

・対策追究型特性要因図

・解析で追究した原因と結びつけて考える
・みんなで創意工夫する
・応急対策と再発防止対策を分けて考える

(2)　実施計画を作成する

項　目	担当者	スケジュール

・ガントチャート

・アローダイアグラム

・何を, 誰が, いつまでに, どれだけ

(3)　自力で効果を確かめつつ
　　　対策を実施する

・自分たちの力でできることを優先する
・上司に相談して協力してもらう
・対策と効果の結びつきを明確にする

図 2.6　対策の検討と実施のフローチャート

事 例 12 作業手順書をいろいろな角度で見直して対策にした事例

11-2. 対策検討 ⑰

要因	対策	実現性	優先度	評価
	加工出来る人から教わる。	2	1	△
作業手順があいまい	作業手順書を新規作成する。	5	5	◎
	勉強会を開く。	3	3	△

評価点 1～3点＝△ 4～7点＝△ 8～10点＝◎

作業手順があいまいという要因に対して、対策を検討しました。対策として作業手順書を作成し、作業の標準化を図ります。

12-1. 対策 ⑱

作業手順書の作成
作業内容に担当を決め加工方法の見直しを行い、作業の標準化を図りました。

作業内容を手順ごとに記載。

作業の順序を統一しました。

作業者に自分の作業内容をメモ書きしてもらって作成した作業手順書に内容を反映させ、作業者毎の作業手順を統一させることが出来ました。

12-2. 対策 ⑲

作業者による作業手順書の見直し
作業手順書を見ながら作業を行い、手順書の見直しを行いました。

手順書を使用してワークを加工します。

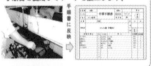

手順書に反映

常に安全作業を心掛けます。

次に、実際に自分たちで作成した作業手順書を見ながらフライス盤作業を行い、各自の意見を手順書に反映させていきました。

12-3. 対策 ⑳

改善リーダーによる作業手順書での加工
作業手順書を見ながら作業を行ってもらい、意見を手順書に反映させました。

手順書を使用してワークを加工します。

文字ばかりだと見づらいね。

ポイントも順序に含まれるの？

手順書

常に安全作業を心掛けます。

次に、各生産課に配置されている、改善リーダー（KL）に作業手順書を見ながら作業をしてもらい、意見を反映させました。

12-5. 対策 ㉑

作業手順書の変更 要素作業票作成
写真と吹き出しを加え、要素作業票の作成をしました。

要素作業票

写真と吹き出しを用いてより見やすくしました。

作業手順書に図解を入れることで、ポイントが明確になりました。

何度も作業手順書を見直して、要素作業票を作成し、作業を標準化しました。写真や吹き出しを入れることでより一層見やすくなりました。

◆ ポイント

1) 対策案をマトリックスで評価している.
2) 作業手順書で手順を統一している.
3) 手順書を使って作業を実施し，各自の意見を反映させている.
4) 有識者に手順書で作業してもらい，意見を反映している.
5) 図解を入れてポイントを明確にしている.
6) 要素作業票を作成している.

（ジェイテクト・グリーンベレーサークル）

問題解決

事例 13 対策検討マトリックスで対策案を出し，三現主義で決めた事例

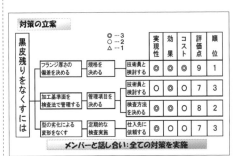

◆ ポイント
1) 解析で得た重要要因に対する対策案を系統的に明確にしている．
2) 対策案の実行案を示している．
3) マトリックスで評価しているが，結論としてすべての案を実施する，とサークルの意思を明確に示している．

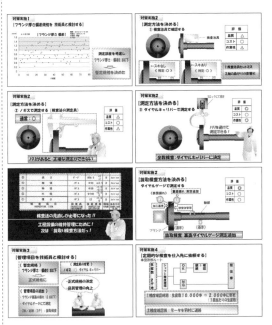

◆ ポイント
1) フランジの工程能力図からフランジ厚さの偏差の暫定規格を決めている．
2) 測定方法について複数の方法を品質，コスト，作業性といった事実重視で検討し，決定している．
3) 未着手であった型摩耗による影響防止の対応として，抜取検査で裏面をチェックしている．
4) 管理項目を技術員とともに検討し，決定している．
5) シャフト精度確認を10,000本から2,000本ごとに実施する，と短期化を明確にしている．

（日野自動車・TEAMゼロヨンサークル）

ステップ 6　効果の確認

効果を大きく分けると,「コストが削減できた」など,数値でハッキリと確認できる有形効果と,「チームワークがよくなった」というように,数値化できない無形効果に分けることができます(図2.7).

(1)　目標値と実績値を比較する(有形効果の把握)

問題の改善目標に対し,実績値を比較して達成度を確認します.

<ポイント>

♣　目標値が達成できているかどうかを確認する.

♣　目標値が未達のときは,前のステップに戻り目標達成に再挑戦する.

♣　効果は現状把握で使ったQC手法で,同じ尺度によって比較する.

♣　対策ごとに効果を確認する.

♣　重点志向で目標を決めたときは,全体の変化もとらえる.

(2)　その他の効果も把握する

品質を改善したら,コストが低減されたといった目標にした有形効果以外に付帯的に出る効果もあり,目標以外の効果を把握することも大切です.

<ポイント>

♣　目標値以外の波及効果も把握する.

♣　効果は金額で換算してみる.

(3)　無形効果を把握する

活動を通して,個人やサークル,または職場のレベルがどのように向上したかを明らかにします.

<ポイント>

♣　たとえば,人間関係の改善,個人能力の向上,チームワークの向上,ヤル気・明るい職場などの項目を,活動の前と後でそれぞれ評価する.

♣　レーダーチャートなどで多元的な比較をするとわかりやすい.

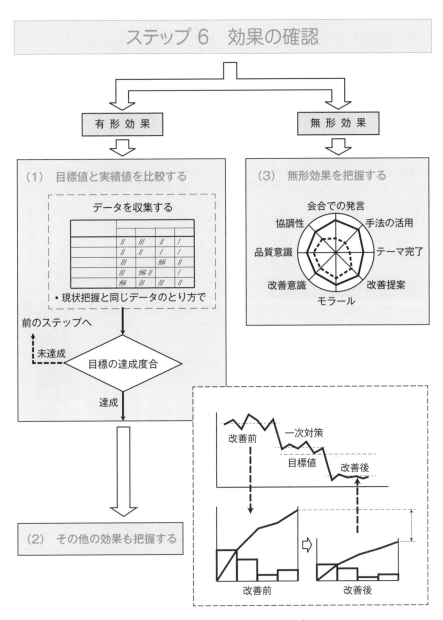

図 2.7　効果の確認のフローチャート

事 例 **14** 目標の有形効果だけでなく付帯効果の把握，水平展開を実施した事例

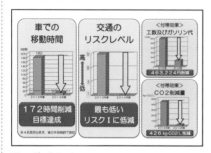

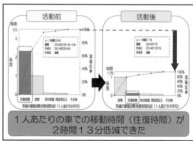

1人あたりの車での移動時間（往復時間）が
2時間13分低減できた

◆ ポイント

1) 移動時間を2時間13分低減でき，目標である移動時間15分以内を達成できたことを確認している．

2) 付帯効果である交通のリスク，工数・ガソリン代，CO_2 を低減できたことを確認している．

他事業所への水平展開と効果の確認

ほかの事業所へ水平展開する為，今回の活動結果を参考にサークル独自のチェックシートを作成した．

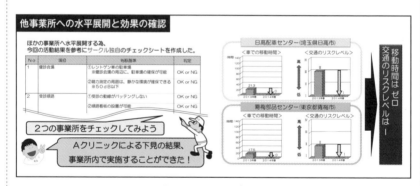

◆ ポイント

1) 活動結果を参考に独自のチェックシートを作成している．

2) 水平展開した2つの事業所をチェックし，ともに大きな成果を出していることを確認している．

（日野自動車・安衛レンジャーサークル）

事例 **15** 成果として人財育成効果を大きく取り上げた事例

問題解決

37.効果の確認①

作成者：諫山
作成日：2019年10月29日
対策後データ：10月16日～23日

2.1台向上！
JPH24台達成！！

設備稼働率

81.5%

74.3

対策前　対策後

JPH（時間当たり出来型）

24.1台

22

対策前　対策後

設備稼働率が向上し、目標のJPH24台達成

38.効果の確認②

目標達成！

JPH22台→24台　2台向上
活動期間11月末→11月29日達成
1月より二班決定！！

3班2交替回避！！

有形効果金額

14,301,084円

39.効果の確認③無形効果【人財育成】

―― 改善前
---- 改善後

作成者：岸
作成日：2019年11月29日

岸

QC手法 2P
行動力 2P　　溶接知識 2P
チームワーク 2P　　ロボット知識

改善力 3ポイントUP

作成者：轟
作成日：2019年11月29日

泰楽

QC手法 2P
行動力 2P　　溶接知識 2P
チームワーク 2P　　ロボット知識

改善力 3ポイントUP

作成者：諫山
作成日：2019年11月29日

諫山

QC手法 2P
行動力 2P　　溶接知識 2P
チームワーク 2P　　ロボット知識

改善力 3ポイントUP

課の改善グランプリの
各部門で優秀賞を受賞するほどに
成長！！

KAIZEN 優秀賞

ラインのロス分析、他部署との連携、改善班の台車作成により
QC手法・チームワーク・溶接知識が各2ポイントUP！改善力は3ポイントUP！！

40.無形効果【サークルレベル】

―― 改善前
---- 改善後

作成者：諫山
作成日：2019年11月29日

超人へ成長
アシュラマン！

溶接技能
他部署連携 2P
改善力
経験、知識 2P
チームワーク 2P

解析力
1P
QC手法
活力

（合計10ポイントUP）

アシュラマン計画
大成功！！
（アシュラマンとはアニメ
の架空の超人です）

QCリーダー大塚

弱みであった他部署連携、改善力、経験・知識、若手3人の
チームワークが2ポイントUPし、全体でも10ポイントUPした。

41.無形効果（水平展開）

点検効率化
【今後の水平展開計画】

―― 計画
---- 実績

担当 三本

段階名	2020年4月	6月	8月	10月	12月
キューブ リヤ 溶接ライン					完了
スカイライン リヤ溶接ライン					完了

他ラインへ水平展開を実施

42.標準化と管理の定着①

5W1H

作成者：岸
作成日：2019年11月29日

項目	いつ	どこで	誰が	何を	なぜ	どうした
点検方法	11月末まで	現場	大塚	標準作業書	維持管理の為	作成した
NG発生時の処置	11月末まで	現場	三本	標準作業書	維持管理の為	作成した
部品段変更	11月末まで	現場	刀禰	4M変更通知	作業変更の為	展開した

ポイント

1) 有形効果を改善前と改善後のデータをグラフで明示している.

2) 活動目標と改善後の効果を比較して目標達成を示している.

3) メンバーの能力育成効果を把握し, その成果を讃えている.

4) サークルレベルを8つの項目で評価し, 若手3人の貢献で4項目の大きな向上を取り上げている.

5) 活動成果の水平展開の計画を作り, 実行している.

（日産自動車・ヨシダーズサークル）

ステップ7　標準化と管理の定着

　標準化と管理の定着は，改善効果のあった対策を継続して実施するための施策を行うステップです(図2.8)．活動の効果が継続せず，問題点が再発する原因の多くは，このステップが有効に実施されていないことから起こります．後戻りさせない施策を打つことから，「歯止め」とも呼ばれています．

(1)　標準化(ルール化)する

　実施した対策の中で効果のあった対策をマニュアルなどでルール化する標準化をして，効果の持続をはかります．

　──＜ポイント＞

- ♣　効果の大きかった対策を標準化の対象とする．
- ♣　仕事のしかたをルール化したり，規格・規定・マニュアルなど，標準類を制定・改訂する．
- ♣　標準は，「誰が，いつ，どこで，何を，どのようにする」を明確にし，実施しやすくする．
- ♣　作業の上流や下流との関連性を調査し，関連部門を含めた改訂を行う．
- ♣　実施時期を明確にする．

(2)　標準実施の手続きをする

　標準化したら，登録手続きを行って，正式な標準として登録します．

　──＜ポイント＞

- ♣　新設，改訂，廃止の手続きを確実に行う．
- ♣　標準の改廃は上・下流に連絡して実施する．

──── ★ワード・メモ★ ────

　標準化：物事を統一したり，単純化して誰でもできるようにして，同じ手順で無駄なく作業が行えるようにする一連の作業をいう．

問題解決

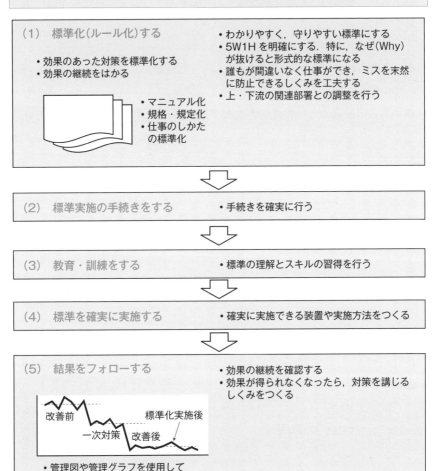

ステップ7　標準化と管理の定着

（1）　標準化（ルール化）する

- 効果のあった対策を標準化する
- 効果の継続をはかる

・マニュアル化
・規格・規定化
・仕事のしかた
　の標準化

- わかりやすく，守りやすい標準にする
- 5W1Hを明確にする．特に，なぜ（Why）
　が抜けると形式的な標準になる
- 誰もが間違いなく仕事ができ，ミスを未然
　に防止できるしくみを工夫する
- 上・下流の関連部署との調整を行う

（2）　標準実施の手続きをする

- 手続きを確実に行う

（3）　教育・訓練をする

- 標準の理解とスキルの習得を行う

（4）　標準を確実に実施する

- 確実に実施できる装置や実施方法をつくる

（5）　結果をフォローする

- 効果の継続を確認する
- 効果が得られなくなったら，対策を講じる
　しくみをつくる

改善前
一次対策　改善後
標準化実施後

- 管理図や管理グラフを使用して
　監視する

図 2.8　標準化と管理の定着のフローチャート

―― ★ワード・メモ★ ――――――――――――――――――――――

　自責の問題：問題点発生の責任という面で分類すると，責任が自分自身や自分たち
のサークル，職場にある場合を自責（自分たちの責任）といい，他人や自分たち以外の
場合を他責（他人責任）という．

（3） 教育・訓練をする

標準化ができたら，その標準が確実に守られるようなしくみをつくり，実施します．

<ポイント>

♣ 作業者に教育を行い，理解してもらうと同時に，訓練してスキルを身につけてもらう．

♣ 新人の配属など，作業者が交替するときにも教育・訓練がされるしくみ・体制をつくる．

（4） 標準を確実に実施する

特別な作業をしなくても標準が守れる工夫を行い，実施を確実にします．

<ポイント>

♣ 標準を忠実に実施する．

♣ 誰がやっても間違いのないような仕事のしくみ・やり方をつくる．

♣ フールプルーフ（どんな条件でも対策の内容が実行できる道具立て）などを取り入れ，決められた方法でしかできないようなしくみにする．

（5） 結果をフォローする

標準が守られ，対策を実施した効果が持続していることを確認できるしくみをつくり，フォローします．このフォローの確立で，自分たちの活動の成果を持続して活かすことができます．

<ポイント>

♣ 効果の持続がはかられていることを，常に管理図や管理グラフなどを使ってデータで監視する．

♣ 監視業務は日常管理に盛り込んで，確実に実施する．

♣ 効果が持続できなくなったら対応できるしくみや体制を決めておく．

♣ 発表する場合，活動終了から時間が経ったときは，その間の状態を表示し，定着度合いを明らかにする．

問題解決

事例 16 5W1Hで歯止めの内容を決めている事例

標準化と管理の定着）改善の成果をどう維持するの？					

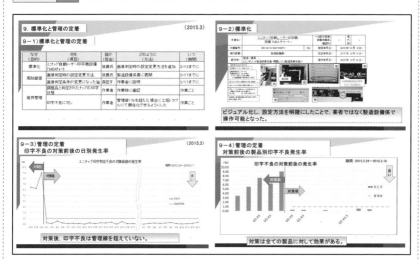

❖ **ポイント**

1) 成果が恒久的に続くしくみを目指している.
2) 内容を標準化，関係部署に周知，継続のしくみ，標準の維持方法と項目立てして分類している.
3) 確実に実施するように5W1Hで内容を決定している.

（アーレスティ・ムソーサークル）

事例 17 管理グラフで成果の持続を確認している事例

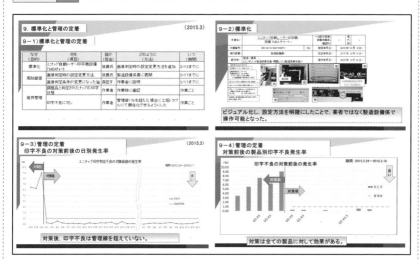

❖ **ポイント**

1) 内容を5W1Hと標準化，周知徹底，維持管理のマトリックスで決めている.

2) 管理線を設定した管理グラフを使って効果の持続を確認している.

（ジーシーデンタルプロダクツ・コンポジット製造改善プロジェクト）

ステップ 8　反省と今後の課題

　反省と今後の課題は，活動の過程を見つめなおし，よかった点と改めるべき点を明らかにし，次回以降の活動にどのように活かして活動の質を高めながら継続させていくかを計画していくステップです（図2.9）．

（1）　計画と実績の差を反省する

　各ステップ終了後に実績を記入された活動計画を見直し，計画と実績に差異があった場合には，その理由をメンバーとともに反省し理由を明確にします．

　　─＜ポイント＞─

- ♣　活動計画に実績を記入し，その差異を明らかにする．
- ♣　計画の立て方を反省し，差異の発生した理由を明らかにする．
- ♣　目標の立て方を反省して，差異の発生した理由を検討する．

（2）　各ステップの活動を反省する

　QCサークル活動の能力や自分の実力を伸ばすポイントは，このステップをいかに活かすかにかかっています．具体的な項目で反省し，その反省を次の活動に活かしていくことが大切です．

　　─＜ポイント＞─

- ♣　反省は，「よかった点」と「悪かった点」の両面で行う．
- ♣　問題解決した手順の進め方もチェックしておく．
- ♣　具体的な項目で詳細に反省し，発生した理由を挙げる．
- ♣　目標と実績の差異，目標の立て方，活動の過程を反省する．
- ♣　各ステップごとに分けて範囲を狭くして，計画との差を反省する．

ステップ8　反省と今後の課題

（1）　計画と実績の差を反省する　　　　・目標と結果，目標の立て方を
　　　　　　　　　　　　　　　　　　　　結果から見て反省する

（2）　各ステップの活動を反省する　　　・反省は可能な限り具体的に行う
　　　　　　　　　　　　　　　　　　　・サークルの運営面も反省する
　　　　　　　　　　　　　　　　　　　・具体的な項目で反省する
　　　　　　　　　　　　　　　　　　　・各ステップに分けて狭い範囲で
　　　　　　　　　　　　　　　　　　　　反省する
　　　　　　　　　　　　　　　　　　　・理由を明確にする

手順	よかった点	悪かった点	今後の課題
① テーマの選定			
② 現状の把握と目標の設定			
③ 活動計画の作成			
④ 要因の解析			
⑤ 対策の検討と実施			
⑥ 効果の確認			
⑦ 標準化と管理の定着			
⑧ 反省と今後の課題			
⑨ 活動の運営			

（3）　残った問題点をまとめる　　　　・重点志向で取り組んだ残りの問題点をまとめ
　　　　　　　　　　　　　　　　　　　る

（4）　反省を次回の活動に活かす　　　・反省を活かす工夫を盛り込む
　　　　　　　　　　　　　　　　　　・よい反省は継続実施する
　　　　　　　　　　　　　　　　　　・悪い反省は再発しないように対策を盛り込む

（5）　やり残した問題を次回のテーマ　・やり残した問題を整理する
　　　　候補にする　　　　　　　　　・次回の取組みを明確にする
　　　　　　　　　　　　　　　　　　・反省を今後に活かす計画をつくる

図2.9　反省と今後の課題のフローチャート

―― ★ワード・メモ★ ――

　悪さ加減：基本的には悪さ（問題点）の度合いを数値化して，データで表したもの．これが転じて，問題点そのものを悪さ加減と呼ぶことがある．

（3）　残った問題点をまとめる

今回の活動で解決できなかった点，残された問題点などは，メンバー全員で確認しておき，次回の活動に活かします．

＜ポイント＞

♣　テーマ選定で明らかにした問題点の中でやり残した問題点は整理しておき，次回のテーマ候補にしておく．

♣　現状把握で取り上げなかった悪さ加減は全員で確認・整理しておく．

（4）　反省を次回の活動に活かす

反省で取り上げた事項をどのように次回のテーマに反映するかを，サークル全員で検討し，決めます．

＜ポイント＞

♣　よかった点は次回の活動でも同じように実施して活かす．

♣　悪かった点(改めたい点)は次回で繰り返さないように改善する．

♣　今回の改善の成果を水平展開する．

（5）　やり残した問題を次回のテーマ候補にする

今回の活動でやり残した問題を次回のテーマ候補とし，他の問題と一括して整理し，評価します．

＜ポイント＞

♣　反省で整理した残った問題点を保存し，次回のテーマ選定の評価対象とする．

♣　反省でまとめた現状の把握で取り上げなかった悪さ加減も，その影響度合いを検討して，必要があればテーマ候補にする．

♣　今後の活動に活かす計画をつくる．

──　★ワード・メモ★　──

水平展開：結果の向上した改善活動のやり方や対策，標準化など，他部門にも役立つことを，その部門へ移して同じように実行すること．横展開ともいう．

事 例 18　マトリックスで反省した事例

◈　ポイント

1)　ステップごとによかった点, 不足していた点, 今後の進め方をマトリックスで反省している.

2)　反省点はすべての項目で具体的な内容を指摘して, その発生原因を明らかにしている.

3)　活動から得られたものを総括している.

(コニカミノルタビジネスアソシエイツ・はがきサークル)

事 例 19　サークルの成長と活動の総括を強調した事例

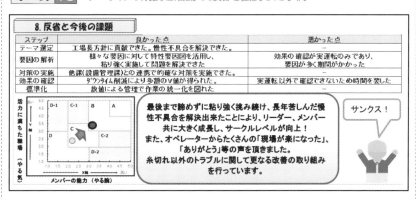

◈　ポイント

1)　ステップごとによかった点と悪かった点の反省をマトリックスにまとめている.

2)　サークルの成長具合をヤル気, ヤル腕の二面でとらえた散布図風にまとめている.

3)　活動の総括をしている.

(日本ゼオン・サプライズサークル)

まとめ・報告・発表

　活動を終了したら，自分たちの活動を QC ストーリーに沿ってまとめ，上司に報告や発表をして自分たちの活動の成果を正当に評価してもらいます．そして達成感を確認，質問やアドバイスを聞き，第三者の評価を確認します．

　活動をまとめることは，自らが活動自体の振り返りを行うことにつながり，自分たちの能力向上に大きく貢献できるステップになります（図 2.10）．

（1）　活動報告書にまとめる

　活動の総括として，活動報告書にまとめます．まとめは簡略化せず，自分たちの活動を報告する人に正確に理解してもらうために筋立てを明確にし，QC 手法を使ってまとめます．報告書は決められたフォーマットが用意されていることがあります．

――＜ポイント＞――

- ♣　報告書にまとめると，気づかなかった活動の要点や欠点が見えてくる．
- ♣　他人が見てもわかるようにまとめる．
- ♣　活動の成果をサークルや会社の知的財産として残す．
- ♣　上司に報告して，アドバイスをもらう．

（2）　活動の成果を発表する

　発表は，活動を理解してもらい，適正な評価を得るとともに，相互啓発を通して自己啓発をはかる目的をもっています．

――＜ポイント＞――

- ♣　通常の発表時間は，改善事例は 15 分，運営事例は 18 分．
- ♣　理解促進のため，発表ストーリーは簡単にやさしくまとめる．
- ♣　各ステップのつながりを明確にする．
- ♣　聞く人に活動の内容を理解してもらうことを第一に考える．
- ♣　職場の人たちに聞いてもらい，活動の成果を認めてもらう．
- ♣　質問を受け，客観的な評価やアドバイスを聞く．

問題解決

まとめ・報告・発表

（1） 活動報告書にまとめる	・QC 手法を使う
	・他人にもわかりやすくまとめる
	・上司に報告してアドバイスをもらう

（2） 活動の成果を発表する	・発表ストーリーを理解しやすくする
	・各ステップのつながりを明確にする
	・聞く人の理解を第一にする
	・質問を受け，客観的な評価やアドバイスを聞く

完了

図 2.10　まとめ・報告・発表のフローチャート

事　例　20　報告書のフォーマットの事例

```
ＺΣサークル活動計画書/報告書の使い方＆参考

【1,この書式の使い方】
 1） 全体について
  ①この書式は、印刷状態でA4×4枚の設定としています。報告書は4頁でまとめて下さい。
  ①位置決めしやすいように、Excelのセル罫線（目盛線）を表示しています。（表示/97て
  ②2頁目以降も、印刷時にはサークル名（1頁目3行目までの内容）が反映されます。（は
  ④改善ステップの位置は、取組み内容に合わせて自由にレイアウトして下さい。
  ⑤【はじめに】には、職場紹介やサークル方針、サークル運営の工夫などを自由に書いて下さ
  ⑥従来「対策の立案」としていたステップ名を、「対策の検討」に改めました。（2021年
   2021年度以前の報告書をまとめている場合には、そのまま使用されて構いません。
  ⑥スペースが足りない場合は「活動スケジュール」や「標準化と管理の定着」は、縮小した図を
   （ただし、内容が見える大きさを考慮下さい）

 2） 入力項目について　　＊①②やQCストーリー選択欄のガイドをZΣシステム上で公開中
```

入力項目	注意点
①テーマ分類	改善対象として目標に掲げた分類（SQCDME）を選択して下さい。
②使用手法数	・「活動スケジュール」の**ガントチャート**は、グラフとして**1手法とカウント**します。 ・1テーマの中で**同じ手法を何度使っても1手法とカウント**します。 （「例 「層別H H別」「効果の確認」のヒストグラム、パレート図を使用→1手法とカウント）

◆ ポイント
1）　Excel で用意された計画書・報告書のフォーマット．
2）　記入要領が次ページに用意されている．
3）　報告書がナレッジバンクに収納され，活動事例集となっている．

（日本ゼオン・ＺΣサークル活動計画書兼報告書）

コーヒーブレーク ②

エッ，これが QC ストーリー？

　ある部長が議論をふっかけてきた．主題は，「QC サークル活動や品質管理における改善活動になぜ QC ストーリーが使われるのか」というもの．

　この部長，入社以来の技術畑育ち．社内では技術がスーツを着て歩いているとの定評のあるお方．と同時に，議論好きときている．内心，「これはしまった．たいへんな人につかまった」と，こちらはすっかり逃げ腰模様．論点は案の定，「君たちは，なぜ QC ストーリーをサークルに押しつけ，一律化しようとしているのか」だった．

　ここで，しばしの"QC ストーリー是非論"が戦わされた．それぞれ相容れず物別れ．……ここまでは日常的にあること!!

　しばらくして，その部長のチームが技術発表会で報告した内容が非常にわかりやすいと，経営トップから講評をいただいたことがあった．タイトルこそ違え，その報告はほとんど QC ストーリー的な展開になっていた．そこで，「部長!! あんなに反対していたのに，QC ストーリーを使っていただきまして，ありがとうございます」と皮肉っぽく一言．「エッ，これが QC ストーリー？」とキョトンとした顔つきの部長．イヤハヤ，おそれいります．……これも日常的にあること!?

第 Ⅲ 部
QCストーリーによる
報告書のつくり方と
発表のしかた

QCサークル活動は，改善などの問題解決だけが目的ではありません．問題解決を通して，人の成長ややりがい，さらに職場生活の充実がねらいです．これらの財産をしっかりと残し，メンバーや関係者と共有するために，活動結果を報告書にまとめたり，発表するのです．

第Ⅲ部では，QCストーリーによる報告書のつくり方から発表のしかたまでの実施要領とポイントについて，次の構成でまとめてあります．

第3章　QCストーリーによる問題解決の進め方
QCストーリーによる報告書のポイント．

第4章　報告書の作成手順
わかりやすい報告書とするための作成手順とポイント．

第5章　QCストーリーによる発表のポイント
発表までのプロセスと魅力的な発表のポイント．

第6章　発表資料の作成手順
発表スライド作成の基本と手順．

QCストーリーと報告書

　せっかくみんなで努力した改善活動も，「効果あり，一件落着」として，その場かぎりで終わってしまうのはもったいない話です．

　1つの活動の締めくくりとして，改善活動の経過と結果，そしてQCサークルとしての取組みとその成果についてまとめる報告書は，メンバーを始め，上司やその活動にかかわった関係者とで成果を共有する大切な財産となります．このように，QCサークル活動にとって報告書の作成は欠かせないものといえます．

　第3章では，QCストーリーに沿った報告書について解説します．

3.1　報告書の種類

QCサークル活動において作成する報告書を大別すると，次の3種類に分けられます．

① 活動報告書

1つのテーマについて活動した結果のまとめです．通常は社内のQCサークル活動の報告制度の一つになっています．たとえば，テーマ完了報告として報告書のフォーマットが決められている場合は，その書式に活動内容を記入して報告書として提出します．

提出のためというより，メンバーが力を合わせ，1つの問題を解決してきた貴重な財産です．報告書として提出するとともに，仕事に，そしてQCサークル活動に活かしていくことが大切です．

② 発表に伴う報告書（体験談発表要旨）

発表に際して，発表を聞く人たちに配布される報告書です．一般に，体験談発表要旨と呼ばれています．小さな発表会，たとえば職場内での発表会では必ずしも必要ではありませんが，全社大会や，特に社外のQCサークル本部・支部・地区主催の各大会では提出が必要となります．

一般の報告書と異なる点は発表を伴うことで，むしろ発表が中心となり，報告書は発表のための参考資料となります．

③ 掲載用の報告書

QCサークル活動の参考事例として，各種の書籍に掲載するための報告書です．その多くは社外へ向けた発行となるため，読み手はいわば部外者であり，発表も伴わないので，報告書だけで理解を得る必要があります．『QCサークル』誌に掲載される体験談はこの典型といえます．

以上が報告書の大まかな種類で，それぞれの目的に沿った報告書を作成することが必要です．表3.1に，報告書の種類と特徴を一覧にまとめましたので，参考にしてください．

報告書の種類

表 3.1　報告書の種類と特徴

区　分		報告書の種類	特　　　徴
社内	活動報告	活 動 報 告 書	• 社内の報告制度のしくみに沿って作成. • 報告書のフォーマットが決まっている場合は，その書式で作成. • 報告先が社内の関係者のため，社内用語や専門用語にさほど気をつかわなくてもよい.
	大会	体験談発表要旨	• 社内の発表要旨原稿作成要領により作成. • 全社大会では参加者層が拡大されるので，業務の説明や専門用語に注意が必要となり，社外大会にほぼ準じた報告書にする必要がある.
	掲載用	体 験 談 要 旨	• 掲載先の要旨作成要領にて作成. • 発表を伴わないため，報告書のみで理解を得る工夫が必要. • 特に外部に提出する場合は，誰が見てもわかるように，用語の用い方や活動内容についての解説を織り込む必要がある.
社外	*一般大会	体験談発表要旨	• QC サークル本部・支部・地区のそれぞれで要旨作成要領が異なる. • 他企業からさまざまな参加者が集まるため，会社や仕事の内容の説明が必要. 特に専門用語に注意する. • 改善事例が中心となるが，評価を伴う場合には評価内容と照らし合わせた作成の工夫が必要.
	**選抜大会	体験談発表要旨	• 全日本・支部・地区のそれぞれの段階で要旨作成要領が若干異なる. • サークルの成長過程や運営の工夫を中心とした内容なので，一般の改善事例中心の要旨とは根本的に異なる.

　*　一般大会とは，改善事例発表を中心とした QC サークル大会で，QC サークル本部・支部・地区またはブロックのそれぞれが主催する.
**　選抜大会とは，運営事例を中心とした発表大会で，全日本選抜 QC サークル大会や，その代表選抜のために開催される各支部・地区の選抜 QC サークル大会などがある.
　なお，選抜大会に出場するには，出場資格が設けられている.

報告書

3.2　わかりやすい報告書

　ひとくちに QC サークル活動の報告書といっても，いろいろな目的があり，その対象者も千差万別であることがわかりました．では，実際に報告書を作成する際は，どのような観点で作成していけばよいのでしょうか．

　一番の条件は，自分たちが活動してきたことを，相手に 100％伝えることができる，わかりやすい報告書であることです．どんなに素晴らしい活動であっても，相手に理解されない，わかってもらえないのでは苦労も水の泡と帰してしまいます．

　では逆に，わかりにくい報告書とはどんなものなのかを考えてみましょう．

　　　＜わかりにくい報告書とは＞

♣　文章がやたらと多く，目に訴えるものがない．

♣　結果ばかりで，プロセスの内容がない．

♣　誰が行った活動なのかわからず，興味がわかない．

♣　むずかしい表現や外国語が多く，読む気がそがれる．

♣　専門用語が多く，その解説がない．

♣　技術報告書のように，固有技術の説明に終わっている．

♣　話のつじつまが合っていない．

♣　メリハリがなく，興味がわかない．

♣　文字が小さすぎたり，乱雑に書かれていて読みにくい．

♣　目的と結論が見えない．

　要するに，読む相手の身になって書かれていない，ただまとめただけの報告書では読まれないということです．

　表 3.2 に，わかりやすい報告書のポイントをまとめましたので，報告書を作成する際の参考としてください．

わかりやすい報告書

表3.2　わかりやすい報告書のポイント

項　目	ポイント
報告の筋書き	報告書作成の共通語として一般化しているQCストーリーに沿って作成するのが，わかりやすい報告書の最適手段．
明確な目的と結論	QCストーリーに沿うことによってかなり明確になるが，内容は実際の活動内容と書き方次第．QCストーリーの各ステップごとの目的と結論についても，"やることはっきり"と"やったことはっきり"を明確にする．
伝えたいことの強調	活動内容のすべてを書くことは困難．訴えたいことを強調した骨組みの工夫が必要． 特に，限られたスペース(紙数)にまとめる場合には，より工夫が必要．活動の特長や訴えたいことが抜けないように注意する．
目に訴える	読むより見て理解するほうがはるかに効果的．QC手法などを活用して，より視覚化をはかる．
文章は短文化	長い文章は読む気をそぐ．できるだけ文章は短くし，箇条書きが効果的． 特に発表を伴う報告書の場合には口頭説明やスライドでの補足が加わるので，短い文章で図表を中心としたまとめ方が望ましい．
わかりやすい表現	その報告書を読む相手の側に立った，わかりやすい表現が必要．特に専門用語(特殊用語，外国語など)は極力避け，どうしても必要な場合には解説を加える．
読みやすい文字	小さすぎる，細すぎる，また乱雑な文字や数字にならないように注意する． 文字は大きめ，太めのほうが読みやすい．
QCサークルらしさを織り込む	QCサークル活動の報告書は，技術報告書や業務報告書ではない．メンバーが衆知を結集し，協力して成しえた成果で，その改善活動にどのように取り組み，努力し，工夫してきたのか，また，この活動を通して得られた，QCサークルとして得られた成果などを織り込む．

3.3 QC ストーリーによる報告書

QC ストーリーは，そもそも QC サークル活動による改善活動の結果を，報告書としてまとめやすいようにと考案されたものです．そして，裏返せば"問題解決の手順"としてもそのまま活用できるので，QC サークル活動に限らず，職制の改善活動など，他方面でも活用されています．

では，QC ストーリーに沿って報告書をまとめると，どのような利点があるのでしょうか．

┌─── ＜ QC ストーリーによる報告書作成のメリット＞ ───

♣ どのようにまとめればよいかが明確になっているので，要領よくまとめられる．したがって効率化もはかれる．

♣ 改善活動の報告書作成の道具として一般的に活用されているので，誰が見ても理解しやすい．

♣ 改善活動(問題解決)の手順とほぼ一致しているため，QC ストーリーとして報告書をまとめることによって，改善活動そのものの反省ができ，レベルアップをはかるきっかけにすることができる．

報告書作成の基本は，実際に活動してきた内容を，そのまままとめればよいのですが，実際の活動が QC ストーリーにまったく沿わない手順による活動の場合には，QC ストーリーとして報告書にまとめることは適当ではありません．

問題解決の方法にはいろいろなやり方がありますが，QC サークル活動として現在のところ最もふさわしい方法が，QC ストーリーに沿って活動することであることを理解してください．

QC 的問題解決の手順と QC ストーリーの関係を，図 3.1 に示します．最後のステップの「反省と今後の課題」は問題解決の手順には含まれていませんが，忘れずに実施することが必要です．

QC ストーリーによる報告書

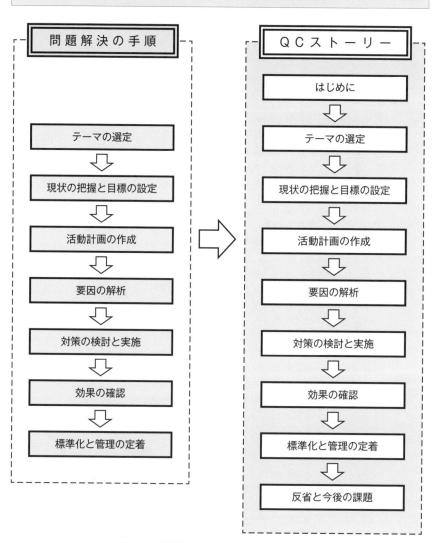

図 3.1　問題解決の手順と QC ストーリー

コーヒーブレーク ③

発表原稿が飛散 !!

　あるQCサークル地区大会での出来事です.

　発表途中で, なんと発表原稿がヒラヒラと飛散してしまったのです. おそらくはホールの空調のせいだと思うのですが, 発表を聞いていた参加者はむろんのこと, 大会を運営していた地区幹事もしばらくは固唾を飲んで見守るしかありませんでした. こんな場合, あなたならどう処置しますか?

　そのサークルの場合, パソコンを操作していたメンバーがいち早くこの事態に気づき, 発表者のところにかけ寄って, 散乱した発表原稿を整理してあげました. そして, 発表者に一言声をかけて, 無事に発表が再開されたのです. この間はほんの1分程度です. 発表者はおそらく最初は気が動転していたでしょうが, 仲間の臨機応変の手助けと励ましにより, 何事もなかったかのように, 発表は無事に終了しました.

　そして審査の結果, このサークルが大会賞の一つに選ばれたのです. もし, あのときに仲間の適切な対応がなかったら, おそらく発表者はますます気が動転してしまい, 収拾がつかなくなっていたかもしれません. パソコンのあのメンバーに万歳を贈りたくなったのは, 私だけではなかったでしょう.

　発表は全員参加で行うものです. 発表者は1人でも, まわりの協力がなければ, みんなが発表者という気持ちがなければ……, そんな教訓を与えてくれた出来事でした.

　あのパソコンメンバーに"万歳!"

報告書の作成手順

　QC サークル活動に限らず，何かまとまった活動に
は報告書が欠かせません．特に QC サークル活動で
は，複数のメンバーが協力し，分担して行ってきた活
動ですから，活動が終了したら，活動内容と成果を 1
つの報告書にまとめて，メンバーや関係者で共有する
ことは大切なことです．

　また，報告書にまとめることにより，活動の反省が
でき，次の活動の PDCA へつなげ，レベルアップへ
の足がかりとする役割ももっています．

　第 4 章では，目的に沿った，わかりやすい報告書
とするための作成手順とポイントについて述べます．

　QC 手法の書き方も織り込んでいますので，合わせ
て活用してください．

4.1 報告書作成の準備

報告書を作成するに当たっては，次のような事前の準備が必要です(表4.1)．

1) 作成する報告書の目的の確認

報告書にはいろいろな目的や種類があります．作成の目的や提出先，また読む対象者によって作成の要領やポイントが異なってきますので，報告書の目的をまず確認します．

2) 作成要領の準備と確認

外部大会での体験談発表要旨を作成する場合は，作成要領とともに記入フォーマットや作成枚数などが指定されているのが普通です．まずは作成要領の有無を確認し，ある場合には入手して内容を確認します．

3) 活動資料の整理

改善活動の過程で作成した各種資料やデータ，活動メモなどを集めて整理します．活動が完了した時点からかなり時間が経過している場合など，必要なら最新の状況を把握するためにデータをとります．

4) 作成する手段の検討

仕事のIT化が進み，それに伴ってQCサークル活動の報告書もパソコンによる作成が中心となっています．まずは報告書をたとえばMicrosoft OfficeのWord，Excel，PowerPointで作成するか，または手書きにするのかを決めます．いずれにしても，その後の発表資料作成のベースとなりますので，作成要領にしたがって好ましい手段を選んでください．

なお，文字や数字が小さく(細く)なって見にくくならないよう注意が必要です．

5) 報告書作成における役割分担の検討

報告書作成もQCサークル活動の一つです．メンバー全員がどう役割分担して作成するかを検討して決めます．

報告書作成の準備

表 4.1　報告書作成の準備事項

項　　目	準備内容
活動の反省	１つのテーマの問題解決が終わったら，活動全体を振り返り，改善のプロセスとサークルの運営の両面について，必ず反省を行っておく． ・よかった点と悪かった点 ・残された問題点の明確化 ・成果の拡大(水平展開)
今後の計画の検討	今回の活動の反省を踏まえ，今後の活動への反映と，具体的な計画を検討し，明らかにしておく．
報告書作成の具体的準備	①　作成する報告書の目的 何のための報告書か，提出先，読む対象者などを明らかにする． ・活動報告書 ・体験談発表要旨 ・書籍などへの掲載用 ・その他
	②　作成要領の準備と確認 作成要領の有無を確認し，ある場合には要領書を入手し，内容や納期を確認する．
	③　活動資料の整理 改善活動での各種資料を整理する． ・会合記録 ・活動メモ ・データ
	④　作成する手段の検討 単に見た目にとらわれず，サークルにとって望ましい手段を決める．
	⑤　報告書作成における役割分担の検討 報告書作成も QC サークル活動の一つであり，どう役割分担するかを検討して決める．

報
告
書

4.2　報告書の作成手順

　報告書をQCストーリーに沿って作成する基本手順は，図4.1のようになります．

| 手順1：作成スケジュールを決める | ・報告書提出の期限や，事前の役割分担の検討を含め，全体のスケジュールを決める． |

| 手順2：QCストーリーの再確認 | ・過去の報告書作成を踏まえ，今回特に考慮すべき点について検討し，QCストーリーの確認(勉強)を行う． |

| 手順3：内容の骨子をつくる | ・報告の重点として，特に訴えたいことを中心に内容の骨子を検討する． ・発表全体，または各ステップで織り込むべき内容を100字くらいにまとめてみてから骨子を組み立てる方法が比較的簡単． |

| 手順4：各ページへの割付け | ・各ページに骨子の割付けをする． |

| 手順5：QCストーリーに沿った報告書の作成 | ・次ページ以降を参照． |

| 手順6：見直し | ・QCストーリーの各ステップのポイントに照らし合せる． |

〈チェックポイント〉
- 誰が見てもわかりやすい内容，表現か
- 最初の骨子が具体化されているか
- データの計算間違いや，誤字・脱字などのミスはないか，用語は適切か
- 公表してもよい内容か
- 許可が必要な記載はないか

| 提　出 |

図 4.1　報告書作成の基本手順

4.3　QC ストーリーによる報告書作成のポイント

報告書の作成について，QC ストーリーの各ステップごとに解説します．

ステップ 0　はじめに

会社，職場，製品やサービス，自分たちのサークルの紹介，そしてテーマの背景となった仕事(工程)の説明をし，報告や発表をわかりやすくします．

<ポイント>

① **会社や事業所，そこでの製品やサービスの内容の紹介**
- あまりくどくならない程度にとどめる(提出先によっては不要)．

② **サークルの紹介(自分たちのサークルの PR)**
- 担当職場と仕事の内容．
- サークルの特長やモットー，メンバーの編成，サークルの経歴．

③ **テーマの背景である仕事(工程)の概要説明**
- 専門用語は極力避けて，目で見てわかるように工夫する．

④ **今回の報告内容で特に強調したいこと**

ステップ 1　テーマの選定

取り上げたテーマについて，検討経緯と簡単な背景のまとめをします．

<ポイント>

① **今回のテーマ選定に際し，特に考慮した事項**
- サークルや上司方針，今までの活動の反省，テーマ選定のやり方など．

② **テーマ選定の経緯**
- 問題点の洗い出し方，その観点はどうだったか．
- 問題点をどのようにして評価し，絞り込んだか(選定の工夫)．

③ **絞り込んだ問題点(テーマ)の悪さを示す事実のまとめ**
- 客観的なデータで示す(データの履歴を忘れずに明記する)．
- 後工程への迷惑度やサークルとしての困り具合．

報
告
書

ステップ2　現状の把握と目標の設定

　現象から問題の中身を分析し，問題となるばらつきをどのように見つけたのか，そして目標をどのように設定したのかをまとめます．

＜ポイント＞

① **問題を掘り下げた経緯のまとめ**
- どんな観点から掘り下げたのか，その経緯と事実関係を明確にする．
- 最終的な結論に至った関係を事実・データで示す．
- QC手法を使う際は，データの履歴を明確にする．

② **結論の明記**
- 現状の把握の結論，つまり見つけた問題のばらつきを明確に示す．

③ **目標の設定**
- 目標値の決め方(根拠)とともに，特性，目標値，期限を明記する．

④ **現状の把握で苦労した点や工夫した点**
- たとえば，データのとり方など，苦労・工夫した点を織り込む．

ステップ3　活動計画の作成

　活動計画(必要により実績も含める)と役割分担をまとめます．後の活動内容を説明する概要にもなり，報告内容をわかりやすくします．

＜ポイント＞

① **活動計画**
- 実施項目と日程計画はどうだったか．
- メンバーの役割分担，特に工夫した点はぜひ織り込む．
- その他，進め方やQC手法の活用など，事前に計画したものがあれば記載する．

② **活動実績の追記**
- 計画と実績を対比できるようにすると，わかりやすくなる．
- 計画とのズレが大きいときは，その理由をメモするとわかりやすくなる．

ステップ4　要因の解析

「現状の把握」でつかんだ問題点(ばらつき)の発生原因を，どのようにして究明したかをまとめます．

<ポイント>

① **要因の洗い出し**
- 特性要因図を用いた場合は，省略しないでありのままを書く．

② **要因の絞り込み**
- 特性要因図の場合，絞り込んだ要因は必ずマーキングし，絞り込む際に事実の確認行為があれば，その経緯も織り込む．

③ **検証結果**
- 絞り込んだ要因の中から，どのようにして真の原因を見つけたか，そして何が真の原因かを明確にする．
- 因果関係が事実・データではっきりと読みとれるようにする．

④ **その他**
- 特に苦労した点や，真の原因の発見のきっかけを織り込む．
- 図，表などのデータには，必ず履歴を明記する．

ステップ5　対策の検討と実施

対策案(再発防止策)の検討から対策実施までの経緯をまとめます．

<ポイント>

① **対策案の検討**
- 新しい方法(技術)や工夫があれば，内容を紹介する．

② **対策案の絞り込み**
- 複数の対策案の場合，最適案をどのように評価したかを明確にする．

③ **対策の実施**
- 対策の実施状況として，計画から実施を苦労した点も含めてまとめる．
- 対策内容は図解するなど，再現できる記録として残しておく．

報告書

ステップ6　効果の確認

今回のテーマ活動で目指したものが得られたかどうか，改善の度合いとして，目標との対比や無形の効果についてまとめます．

┌─────＜ポイント＞─────┐

① **有形効果**

- 対策ごとの効果を明確にすることにより，それぞれの効き目がわかる．
- 目標値と同じ特性で，達成度合を対比(絶対値との比率で)する．
- 達成期限も目標の一つであり，同様に対比する．
- 現状把握と同じ特性で確認すると，効果を確実に表現できる．
- 二次的効果(期待した以外の効果)があれば併記する．

② **無形効果**

- チームワーク，固有技術，QC手法の活用，問題解決力など．
- 客観的にデータ化して表すと，その変化が明確に伝わる．

└─────────────────┘

ステップ7　標準化と管理の定着

効果のあった対策を持続・定着させるために，どのような処置を行ったかについてまとめます．

┌─────＜ポイント＞─────┐

① **標準化(対策内容の持続)**

- 対策ごとの標準化(制定や改訂)についてまとめる．

② **管理の定着(対策内容の定着)**

- 実施事項(教育・訓練などの周知徹底)をまとめる．

③ **定着状況**

- 実際の標準化，管理の定着を行った結果のその後の推移を示せば，標準化の確実性が明確になる．

④ **その他**

- 標準化と管理の定着での新しい試み，工夫があればまとめる．

└─────────────────┘

ステップ8　反省と今後の課題

　活動全般を振り返って，いろいろな観点からよかった点と悪かった点，および残った問題点を明らかにし，今後の活動へどうつなげるかをまとめます．

<ポイント>

①　**よかった点と悪かった点**

- 改善活動のプロセスとして，テーマの選定方法，計画や目標の立て方，問題解決の一貫性，QC手法の活用など．
- サークルの運営面として，役割分担の実施状況や，活動の運営でどういった苦労や工夫があったかなど．

②　**残った問題点**

- 本テーマ（改善そのもの）に関する残った問題点．
- 今回の成果の拡大として，他の業務への水平展開の実施結果があれば明確にする．
- よかった点と悪かった点の反省を踏まえ，今後の活動でPDCAを回していく事柄を整理する．

③　**反省を次回の活動に活かす**

- 本テーマに関して，やり残した問題点を今後のQCサークル活動，たとえば次回のテーマ候補にする，あるいは業務の中でどう取り組んでいくかを明確にする．
- サークルの運営面に関して，無形効果で確認した事項，また反省でのよかった点と悪かった点などについて，今後の活動にどう織り込んでPDCAを回していくか，明確にする．

4.4　QC 手法の書き方

　報告書作成で用いられる QC 七つ道具，新 QC 七つ道具のうち，よく使われる QC 手法の書き方のポイントをまとめました．QC 手法を書く場合の大切なポイントは，きちんと正確に書くことです．なぜならば，図中の点や線，そして棒柱はデータそのものの量や数を表しているからで，いい加減な書き方では事実を正確に伝えられず，誤解をまねく原因になりかねませんので，注意が必要です．スライド作成時においても同様に参考にしてください（図 4.2 ～図 4.15）．

　次に，QC 手法などを作図する際の基本をまとめます．

＜QC 手法などの作図の基本＞

♣　タテ軸，ヨコ軸の長さのバランスを考え，極端にかたよらない．

♣　輪郭線，数字，データ線，点などは太く明確に書く．

♣　タテ軸やヨコ軸などを説明する特性や項目は忘れずに明確に書く．

♣　特性値のスタート位置（ゼロ点）を忘れずに書く．

♣　変化を強調するとき以外は，目盛線を途中から切らない．

♣　順序が決まっている場合はその順序で，決まっていない場合は大きい順に書く．

♣　層別したデータや，違うデータを入れる場合は，区別を明確にする．

♣　重要項目は色づけやハッチング，囲みなどで区別する．

♣　標題とデータの履歴，データ数を必ず記入する．

♣　標題は，図は図の下側に，表は表の上側に記入する．

♣　図表が複数ある場合には，それぞれ通し番号をつける．

　なお，報告書やスライドに適度にイラストを挿入すると効果的ですが，本書では解説していません．

（1）　QC 七つ道具の書き方

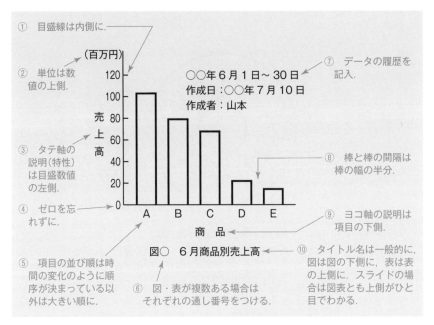

図 4.2　棒グラフの書き方

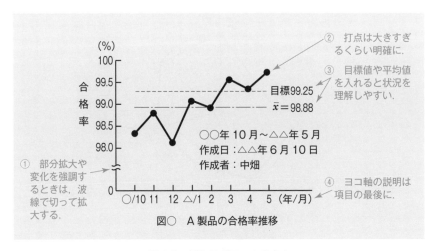

図 4.3　折れ線グラフの書き方

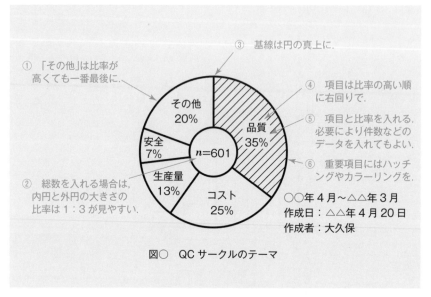

図4.4 円グラフの書き方

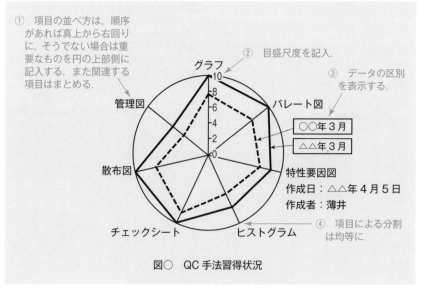

図4.5 レーダーチャートの書き方

報
告
書

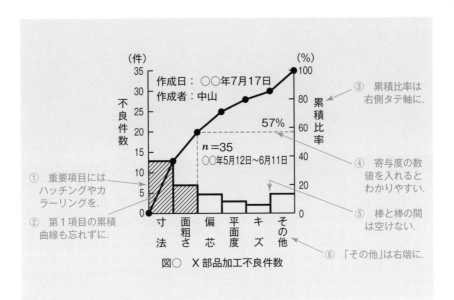

図 4.6　パレート図の書き方

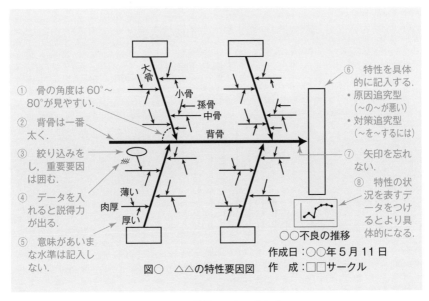

図 4.7　特性要因図の書き方

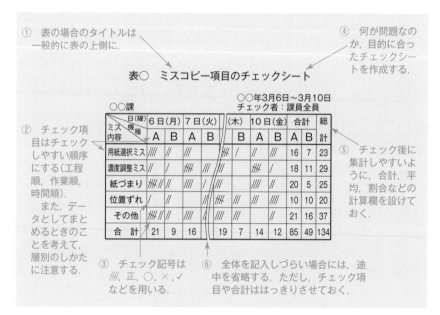

図4.8 チェックシートの書き方

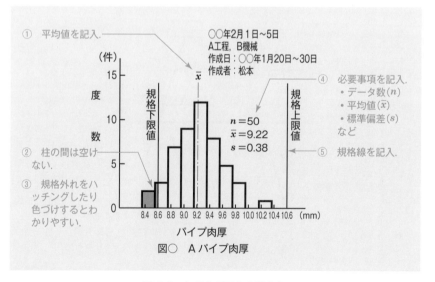

図4.9 ヒストグラムの書き方

報
告
書

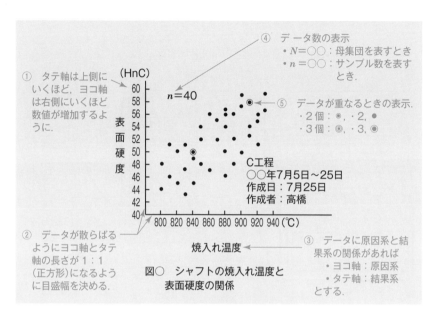

図 4.10　散布図の書き方

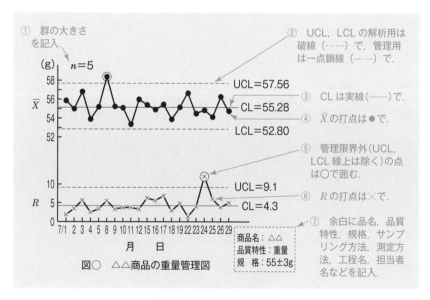

図 4.11　管理図の書き方

（２）　新 QC 七つ道具の書き方

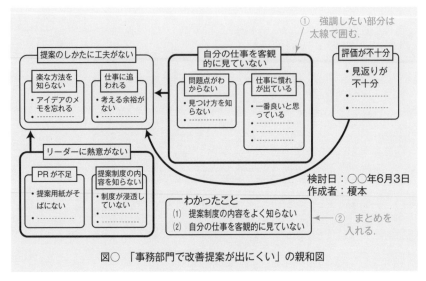

図4.12　親和図の書き方

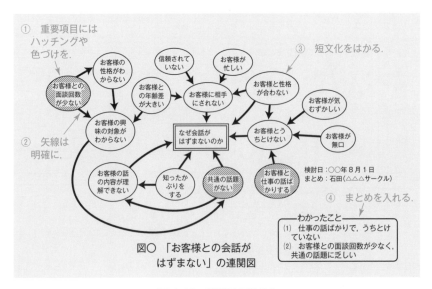

図4.13　連関図の書き方

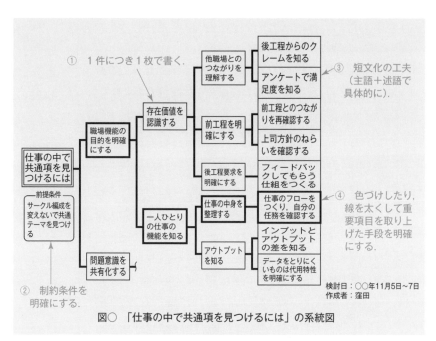

図○　「仕事の中で共通項を見つけるには」の系統図

図4.14　系統図の書き方

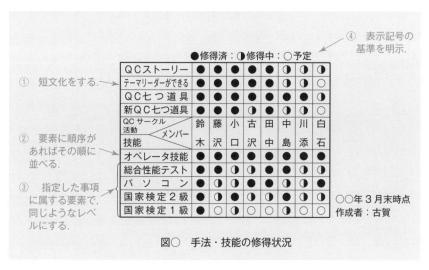

図○　手法・技能の修得状況

図4.15　マトリックス図の書き方

報
告
書

4.5　上手な報告書作成のためのチェックシート

　報告書の作成手順のまとめとして，上手な報告書作成のためのチェックシートを表4.2にまとめたので，報告書作成時や作成後の参考にしてください．

表4.2　上手な報告書作成のためのチェックシート

項　　目		チェック内容	チェック欄
報告の目的に合っているか		何のための報告書なのかが明確になっているか	
		報告書を読む対象者を把握しているか	
		提出先からの報告書作成要領の有無を確認したか	
		報告書作成要領がある場合，要領に沿ったか	
		作成フォーマットがある場合，フォーマットを用いたか	
		報告書枚数に指定がある場合，過不足はないか	
		QCサークル活動の報告書であることを忘れた，単なる業務報告書，技術報告書になっていないか	
QCストーリーの展開はよいか	全体	QCストーリーとしてまとめた報告内容に一貫性が読みとれるか	
		訴えたいことがQCストーリーから読みとれるか	
		事実に基づく内容になっているか	
	テーマ	テーマは活動内容を具体的にわかりやすく表現しているか	
	はじめに	会社，事業内容の紹介が簡潔にまとまっているか	
		サークル紹介では，サークルの特長が伝わるか	
		仕事(工程)の概要紹介は，改善内容の理解を助ける内容になっているか	
	テーマの選定	テーマ選定の妥当性がよく示されているか	
		テーマの悪さが具体的に示されているか	
	現状の把握と目標の設定	問題のばらつき(悪さ加減)が明確になっているか	
		テーマと問題のばらつきとの事実関係が明確か	
		データの履歴やデータ数が明記されているか	
		目標設定は目標の三要素(何を，いつまでに，どれくらい)が示されているか，根拠は明確か	

表4.2　つづき

項　目		チェック内容	チェック欄
QCストーリーの展開はよいか	活動計画の作成	図表などで簡潔にまとまっているか	
		実施項目と報告のステップが合っているか	
	要因の解析	因果関係が事実に基づき，明確に読みとれるか	
		「現状の把握」の結論との結びつきに，遊離や飛躍はないか	
		「要因の解析」での結論である真の原因が明示されているか	
		データの履歴やデータ数が明記されているか	
	対策の検討と実施	最適対策案に至る経過がよくわかるか	
		「要因の解析」での結論(真の原因)と対策との結びつきが整理されているか	
	効果の確認	改善の達成度合いが，対策ごとの効果や目標との対比から明らかになっているか	
		無形効果が示されているか	
	標準化と管理の定着	標準化や定着の状況が具体的に示されているか	
	反省と今後の課題	改善活動とサークル運営の両面について，よかった点と悪かった点が整理されているか	
		残った問題点が明らかに示されているか	
		反省を活かした具体的な内容が書かれているか	
見やすい書き方になっているか		全体のバランス，配置はよいか	
		図表などにより視覚化がはかられているか	
		文章は簡潔に，短文化がはかられているか	
		誰が読んでも理解できる，わかりやすい表現になっているか	
		専門用語や特殊用語を説明なしで使用していないか	
		読みづらい文字や数字，誤字や脱字はないか	
		強調部分の工夫はひと目でわかるか	
その他		データの計算間違いはないか，QC手法の書き方は正しいか	
		公表するとまずい箇所，許可が必要な箇所はないか	

報
告
書

コーヒーブレーク ④

周到な準備でも思わぬトラブルに !!

　発表を控えたサークルはいろいろなことに気を使います.「あのことをうまく言えるかな?」,「質問にうまく答えられるかな?」,「パソコン操作と息が合うかな?」といった具合に,周到な準備をしてきているにも関わらず,心配事が脳裏に浮かびながらも発表に臨んでいます.

　しかし,周到な準備をしてきても,トラブルが襲ってくることがあります.パソコンを使用して発表するときは,トラブルに見舞われた方もおられると思います.いくつかの例を示しますので,事前の対応の参考にしてください.

- パソコンが途中でフリーズしてしまった.
- スライドの切替えや動きがスムーズに動作しない.
- パソコン内に保存していた発表用ファイルが起動せず,また予備のファイルを準備していなかった.
- 特殊な例として,発表ファイルを社内のサーバーからインターネットでリアルタイムに受信していて,通信障害を起こして発表できなくなった.

など,思わぬトラブルを生じることがあります.

　原因としては,パソコン自体の問題,発表ファイルの容量が大きすぎる,接続の問題,通信障害などが考えられますので,これらを防ぐ事前準備と確認も発表準備に加えておく必要があります.

QCストーリーによる
発表のポイント

　発表は，QC サークル活動についていろいろな知識を与えてくれます．それは，QC サークル活動という共通の土台のもとで，サークルメンバーが衆知を集め，工夫をしながら問題を解決してきた経過を，事実に基づいて発表するからです．

　発表は，QC サークル活動の大事な区切り，テーマ解決の総仕上げとして，そして相互啓発の貴重な手段として，進んで取り組んでください．

　第 5 章では，QC ストーリーによる発表のポイントとともに，発表に際しての基本についてまとめてあります．第 4 章の報告書の作成手順，第 6 章の発表資料の作成手順と合わせて，効果的な発表の参考としてください．

5.1　発表の目的と種類

（1）　発表の目的

　発表は，その発表を聞く人がいてこそ意味があります．なぜならば，発表会は発表する側と，聞く側の双方のためにあるからです．発表を行う場合には，お互いのことを考えることが必要です（図5.1）．

<聞く側の得るもの>

♣　自分たちのサークルと比べて，よい点が学べる．
　　・活動の取組み方　・問題解決のやり方　・サークルの運営方法
♣　他職場や他社の QC サークルの活動状況が知れ，視野が広がる．

　その結果，自分たちが悩んでいることの解決や，レベルアップへの糸口が見つかったりして，これからの活動へのヤル気につながっていきます．

<発表する側の得るもの>

♣　活動してきたことを報告書やスライドにまとめ，発表することにより，しっかりとした反省ができ，次の活動に反映することができる．
♣　人前で話す能力が高まり，話すことへの自信につながる．
♣　聞く側の共感を得ることが，やりがいを生む．

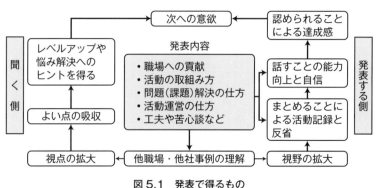

図5.1　発表で得るもの

その結果，さらに能力が高まり，これからの活動への意欲につながります．

（2）　発表会の種類

発表会は大別すると，次の 2 つがあります

- 中間発表会：テーマ解決活動での，現状の取組み状況の中間発表会．指導
　　　　　　　会を兼ねるケースもある．
- 成果発表会：完了テーマでの発表で，体験談発表ともいわれ，社内外でい
　　　　　　　ろいろな種類の発表会がある．

　発表会の種類，参加対象者，規模などに対応した発表の準備が必要です．

　次に，発表会の種類と留意点についてまとめると，表 5.1 のようになりま
す．

発
表

表 5.1　発表会の種類と留意点

発表会の種類		留　意　点
社内	中間発表会（報告会）	テーマ解決活動の中間でもたれ，活動状況報告とともに，指導会を兼ねている場合が多い．活動中での課題や悩みについても報告し，指導や支援を受ける．
	職場内・部門内発表会	組織の 1 つの単位での発表会で，気楽な職場内から事業所の発表会までさまざま．参加者は職務内容をある程度理解しているので，いきなり活動事例の発表に入れる場合が多く，改善の中身を重点的に発表するのがよい．
	全社大会	全社からさまざまな人が参加するので，わかりやすさに注意が必要．仕事の内容，専門用語などの説明が不可欠となり，職場での発表をそのまま行うのでなく，見直しが必要となる．
社外	QC サークル大会 （本部・支部・地区主催）	参加者は自分たちのことについてはまったく無知として考えるべきで，会社や職務内容，特に特殊用語の使用には注意が必要． 　主催者側により，発表要領（プロジェクター台数やスライド枚数など）や条件が設けられている場合が普通なので，要領に沿った発表が必要になる．
	選抜 QC サークル大会	運営を中心とした大会で，通常の体験談発表会とは根本的に異なる．発表条件や要領をよく検討した準備が必要．
	招待発表・参考発表	特に要請された発表で，本部・支部・地区での大会に準じて準備・発表を行う．

5.2　わかりやすい発表

　発表は，その発表を聞く人がいて成り立つと先に述べましたが，発表内容が聞く人にわかってもらえることが第一条件です．発表の中の改善活動がいくら技術的に優れたものであっても，聞く人にわかってもらえない発表では価値が薄れ，また審査を伴う場合ではきちんとした評価もされにくく，発表を終えて不満だけが残った，ということになりかねません．

　QCサークルの体験談発表を聞きに来る人は，専門技術の話や結果だけの話を期待しているのではありません．そのサークルがどのようにQCサークル活動に取り組み，どのように問題解決を進め，QC手法をどのように活用し，そしてどのような工夫や努力を行ったのか，この"どのように"から自分たちの活動へのヒントを得ようと期待しているのです．

　では逆に，わかりにくい発表とはどういうものなのかを考えてみましょう．

---- ＜わかりにくい発表とは＞

♣　やった結果の話ばかりで，どうやったかの説明がない．

♣　わかりにくい用語や専門用語がやたら多く，理解できない．

♣　特殊な専門技術に関する内容に終始していて応用できず，役に立たない．

♣　活動内容に一貫性がなく，つじつまが合っていない．

♣　メリハリがなく，一所懸命に聞く興味がわかない．

♣　1枚のスライドに文字がたくさん書いてあり，小さくて見えない．

♣　説明に省略が多く，スライドもすぐに差し替わり，わかりづらい．

♣　発表が弱々しく，よく聞きとれない．

♣　誰が活動したのか，QCサークルとしての工夫や苦労，苦心談の話がなくてつまらない．

♣　ポインターの指示がまったくないなど，どこの説明をしているのか，どこを見ればよいのかわからない．

　そこで，聞く人の期待に応えて，そしてわかりやすい発表をするために，次のような留意点や工夫が必要になります．

（1）　聞く人の立場に立った発表

　聞く対象者は，発表会によって変わります．その発表会を聞く人の立場に置き換えた発表準備と発表が必要です．

① 　わかりやすい表現に努め，言葉で発表をむずかしいものにしないことが大切です．特に専門の技術用語や特殊用語，社内用語，また一般化されていない外国語などで，やむをえない場合には解説します．

② 　QC サークルの体験談発表という目的を忘れてはいけません．単なる技術報告，改善報告とならないように注意し，自分たちの QC サークルらしさ，工夫や苦心談を織り込みます．

③ 　スライドという効果的な道具をうまく活用し，目と耳に訴えます（スライド作成については第 6 章を参照）．

（2）　発表内容の筋が通っている

　発表内容の骨組み，流れ，筋がしっかりしていて，特に聞いてもらいたいこと，重点がはっきりとしていることが大切です．

　全体の構成は QC ストーリーでまとめることが一般化しており，わかりやすい発表内容の素になります．

（3）　わかりやすい説明・スライド・報告書の三位一体で

　全社大会や社外大会では，報告書（体験談要旨）の提出が義務づけられる場合が大半です．この場合の発表の手段としては，「口頭説明」，「スライド」そして「報告書」の 3 種類になります．実際に大会での参加者は，報告書とスライドを見ながら，口頭説明を聞いています．

　したがって，それぞれの内容にズレがあったり，わかりにくい，読みにくいものや見にくいもの，また説明とスライドが合っていないと，わかりやすい発表から遠ざかってしまいます．

　わかりやすい発表にするためには，3 つの発表手段それぞれのわかりやすさの一体化・連携が必要といえます．

発
表

5.3　QC ストーリーによる発表のポイント

ここでは，発表に当たって，発表内容のあらすじづくりや，発表原稿を検討するうえでの柱となる，QC ストーリーのポイントについて述べます．

（1）　QC ストーリーの一貫性

QC ストーリーの大きな特長は，基本的には問題解決の手順と同じステップを有しているために，報告書の作成や発表原稿を検討する際，QC ストーリーのステップに沿って活動経過をまとめれば，効率よく，しかもわかりやすいまとめができるということです

しかし，活動内容を単に QC ストーリーのステップに分割してまとめるのでは，いわゆるストーリーとしての筋書きはできあがりません．QC ストーリーのステップの表現を用いたから QC ストーリーにまとまった，ということにはなりません．

なぜならば，各ステップはそれぞれ目的をもち，その目的が達成できていないと次のステップには移れない，いわば"すごろく"と同じだからです．いい換えれば，そのステップでの結論を明確にしないで次のステップに入ると，話が狂ってしまってつじつまが合わなくなり，聞いている人がわからない，納得できないという事態になってしまうからです．そうならないために，QC ストーリーの意味と，各ステップの役割をよく理解しておく必要があります(図5.2)．

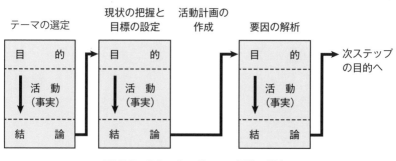

図5.2　QC ストーリーの一貫性の概念

（2）　ステップごとの目的と結論を明確に伝える

前項の QC ストーリーの一貫性を具体的に考えてみましょう．表 5.2 は，QC ストーリーの各ステップの目的と，結論のポイントをまとめてあります．そのステップの目的と結論，および次のステップの目的への結びつきに注目してください．

発
表

表 5.2　QC ストーリーの各ステップの目的と結論のポイント

	ステップ	目　的	結論のポイント
0	はじめに	• 活動の背景となっている会社・サークル自身の説明をし，これから説明する活動内容の理解を得やすくする．特に，これからの説明対象となる工程や作業について，わかりやすいように説明する．	
1	テーマの選定	• これから取り組むテーマをどのように見つけたか，そしてその必要性を明確にする．	• テーマそのものと，取り上げた必要性が明確にされている．
2	現状の把握と目標の設定	• テーマにかかわる現状の悪さを追究し，問題点のばらつきの発見と，悪さ加減を把握する． • 目標を設定する．	• テーマの状況を引き起こしている問題点のばらつきは何か，そしてどんな状態かが明確か． • 目標の三要素は明確か．
3	活動計画の作成	• 活動のスケジュールと役割分担を決める．	
4	要因の解析	• 現状の把握でつかんだ問題のばらつきの原因を追究する． • 特性要因図を用いる場合は，問題点のばらつきを特性にする．	• ばらつきの原因は何か，"どれとどれが重要要因（原因）か"が明確になっているか．
5	対策の検討と実施	• 要因の解析でつかんだ原因に対して効果的な対策をとる．	• 効果的な対策を原因ごとにどうとったかが明確か．
6	効果の確認	• 対策の効果を確認する． • 目標と比較する．	• 対策ごとの効果が明確か • 目標に対する達成度合いは．
7	標準化と管理の定着	• 対策での効果を持続させるために標準化と定着をはかる．	• 効果持続のための処置が適正で，持続されているか．
8	反省と今後の課題	• 活動全般の振り返り，残った問題点を明確にする． • 反省と残った問題点を踏まえて，今後の課題を具体化する．	

（3） 改善にどう取り組んだかを伝える─体験談としての発表─

テーマ解決活動の発表で，改善についての経過発表のみに終始した発表が見られます．確かに活動の柱は改善活動ですが，メンバーが力を合わせ，また上司やその他の関係者の協力を得て，ときには失敗しながらも1つの問題を解決してきた中には，いろんな体験や工夫があったはずです．これらのことを発表に織り込まないのは，もったいない話です．話を聞く人は，体験談としての発表，どうやって取り組んだか（どうやって問題解決を進めたのか，どうやってQCサークル活動として取り組んできたのか）の発表を期待しています．これらは，聞く人にとっても貴重なヒントになります．

＜発表に織り込むポイント＞

♣ 今回の活動を始めるに当たって，特に実現したいこと．
- 前回の活動での反省事項，サークルの年度方針など．

♣ 特に力を注ぎ，そして成果があったことで，それはどのような理由からどのように実施したのか．
- 問題解決の進め方，データのとり方，QC手法の使い方，技術面の理解，新しい知識の修得，メンバーの育成，サークルの運営（役割分担や会合）など．

♣ 活動途中で壁にぶち当たったなら，どのようにして乗り越えたのか．関係者（上司，スタッフ，他サークル，他部門，関係会社，他社など）との支援や協力による成果で，誰とどのような協力があったのか．

♣ 今までもっていなかった新しいやり方などを工夫した場合，それはどのようなことから，どのような工夫を生んだのか．

♣ うまくいったことばかりでなく，失敗してしまい，今後の教訓としたことなどはなかったか．

♣ 何かのきっかけやヒントで大きく前進したことはなかったか．あればどんな場面で，どのようなきっかけがあったのか．

5.4　発表までのプロセス

　発表が決まってから，報告書の作成や発表原稿の作成，そしてスライドの作成など，発表準備のプロセスは，図 5.3 のようになります．

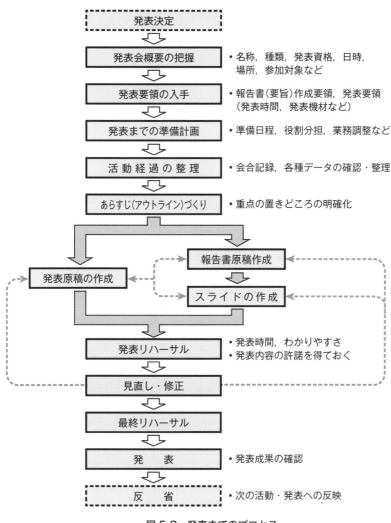

発表決定
↓
発表会概要の把握　• 名称，種類，発表資格，日時，場所，参加対象など
↓
発表要領の入手　• 報告書（要旨）作成要領，発表要領（発表時間，発表機材など）
↓
発表までの準備計画　• 準備日程，役割分担，業務調整など
↓
活 動 経 過 の 整 理　• 会合記録，各種データの確認・整理
↓
あらすじ(アウトライン)づくり　• 重点の置きどころの明確化
↓
発表原稿の作成　←→　**報告書原稿作成**　←→　**スライドの作成**
↓
発表リハーサル　• 発表時間，わかりやすさ　• 発表内容の許諾を得ておく
↓
見直し・修正
↓
最終リハーサル
↓
発　　表　• 発表成果の確認
↓
反　　省　• 次の活動・発表への反映

図 5.3　発表までのプロセス

5.5　発表原稿作成の手順

　発表の主役は，やはり発表者自身（口頭説明）です．スライドはより理解を得るための補足手段であり，報告書は参考資料です．実際にいろいろな過程を経ながら活動してきた本人から生々しい発表が聞ける，また質問ができるところに発表会の意義があります．

　発表会は一定のルールに基づいて行われます．ぶっつけ本番での発表は時間管理の面からも，また抜けも生じますので，話す内容を発表原稿としてまとめておく必要があります．発表原稿作成の手順は，次のステップで行います．

------<発表原稿作成の手順>------
- ♣　発表内容の組立て（時間配分）
- ♣　文章化（話す文章）
- ♣　見直し（整理と整合）

（1）　発表内容の組立て

　発表で織り込むべき事項はどういうものがあるかをおよそ列挙し，順序立てて整理します．ここでQCストーリーが威力を発揮します．QCストーリーのステップと手順に沿ってまとめればよいのです．

　そして，これまでに述べた「わかりやすい発表の留意点」や「QCストーリーによる発表のポイント」の織り込みを検討します．

　最初は粗く，次に枝葉を加えます．そして大よその時間を配分します．図5.4に，「ステップ0：はじめに」の発表内容の組立ての例を示します．

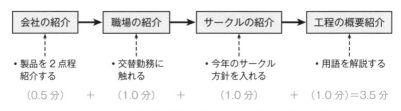

図5.4　発表内容の組立て例（「ステップ0：はじめに」）

(2)　文章化

文章化は実際に話す言葉で行います．報告書などと違い，発表会で話す言葉は，発表中に聞き直すことができません．それだけにわかりづらい表現や，誤解をまねく表現は後々まで尾を引いてしまいますので，注意が必要です．

文章化に際しては，次のような点に注意してください．

＜文章化のポイント＞

♣　わかりやすい表現にする．

- 特殊な専門用語はもちろん，省略した言葉や一般化していない外国語の使用はやめる．どうしても必要な場合には解説を入れる．

♣　主語と述語を明確にする．

♣　ダラダラとならないよう短文化し，代名詞は控える．

♣　1 分間に話せる量は，300 〜 350 字が目安．

(3)　見直し(整理と整合)

作成した発表原稿について，次のような見直しをします．そして，必要に応じて取捨選択，追加，表現の変更を行います．

＜見直しのポイント＞

♣　時間内に収まっているか，話すスピードはどうか．

♣　強調したいことがうまく表現できているか．

♣　話しづらいところ，ひっかかるところはないか．

♣　わかりづらい，筋が通らない点はないか．

♣　報告書やスライドと整合がとれているか．

発
表

5.6　魅力的な発表とするために

　QCサークルの発表は，いわばシンガー・ソング・ライターです．つまり自作自演です．それだけでも素晴しいことです．しかし，発表原稿を単に棒読みする，一言一句間違わないで読み上げるというだけでは，シンガー・ソング・ライターの味は出てきません．メンバーの協力や工夫，努力，ときには失敗しながらも1つの問題を解決してきた体験談を，聞く人に100％伝え，共感を得るにはどうすればよいのでしょうか．

　QCサークルの発表を“QC節”と表現する人がいます．紋切り型というか，要するにカタイ発表が多いのです．発表がカタイと，聞く人も必然的にカタクなり，発表者と聞き手とのコミュニケーションが成立しにくくなります．また，職場内の発表会では実に伸び伸びと発表していたのに，全社大会ではカチコチの味気ない発表だった，という話もよく耳にします．

　どうしてこのようになるのか，大きくは次の2つが考えられます．

＜発表がカタクなる原因＞
- ♣　プレッシャーからあがってしまう．
- ♣　発表者自身の言葉になっていない．

　これらに対する対応策を述べますので，発表の際のポイントとしてください．

（1）　あがらないための工夫

　まずは，「発表はどうしてもあがるもの」，「発表は誰でもあがるもの」と思ったほうがよいでしょう．自分だけがあがるのではなく，他の発表者も多かれ少なかれあがっているのです．そう考えて発表に向かうと，むしろリラックスして，発表に専念できます．次に，あがらない工夫を述べます．

1）　発表内容に自信をもつ

　発表する内容についてよくわかっていないのでは困ります．そうならないように発表準備に積極的に加わり，発表原稿も発表者自身が作成するなどして，発表内容を熟知し，発表内容に自信をもつことです．

2)　発表練習と経験者のアドバイスを得る

やはり場数を踏むことが効果的です．また，経験者のアドバイスもたいへん貴重で，アドバイスを取り入れることで，ある不安が1つ解消したことにもなり，これらが発表の自信につながります．

3)　出だしが肝心

発表のスタート時につまずくと，後々まで尾を引きます．そうならないよう，原稿の初めの1～2ページは完全に暗記し，早口ではなくゆっくりと，大きな声で話します．後は度胸です．"詰まったらメンバーに聞く"くらいの度胸をもってください．

（2）　発表者自身の言葉で話す

結婚式のスピーチにもいろんなものがあります．一般的に仲人の挨拶と，友人のスピーチとではずいぶん違います．聞くほうの雰囲気もまったく違います．この差が，QCサークルの体験談の発表にも違いとして出てきます．

1)　読むより話す

発表原稿は，発表者にとって命綱のようなものかもしれませんが，そのまま読めば，先の仲人の挨拶と変わりません．そのとおりに読まなくても，自分流でかまいません．上手でなくても，大声をはりあげる必要もありません．自分流の話し言葉と呼吸で話すことにより，心暖まる友人のスピーチに様変わりするはずです．したがって，発表当日は，発表原稿は発表のためのメモくらいの気持ちで考えることが必要でしょう．

2)　姿勢や視線にも配慮を

"キオッケー！"を発表の第一声に入れるケースがあります．これでは，聞く人も自然とカタイ姿勢を強いられ，お互いに窮屈な発表になってしまいます．

ごく自然な姿勢，普段の姿勢でかまわないのです．"キオッケ"より，書見台にちょっと手を添えるほうが自然ですし，声も自然に出てきます．

また，視線も一点をにらみつけるのではなく，発表スライドやパソコンを操作するメンバーに目を向けたほうが自然で安心感も出てくるものです．後は発表を一所懸命聞いてくれている，あなたのファンを見つけて楽しんでください．

発
表

コーヒーブレーク ⑤

気持ちのいい小話

あるカーディーラーでの話です.

以前からそのディーラーで車を購入し, 保守もお願いしています. おやじさん(社長)は元レーサーで, 引退後に販売店の経営を始めました. 友人の紹介で知り合い, やや気むずかしい感じですが, 技術は確かなことから, 長くつき合うことになりました.

当初, 店構えは小さくて, 展示してある新車のすぐ横で修理をしているといった状況でしたが, 冬のあるとき, 国道沿いの一等地に店を移し, これはまた立派な店構えに変わりました. いつものように定期点検のために行き, おやじさんと話し込んだ後に代車で帰ろうとしたときのことです. 代車はすでにエンジンがかけられ, ほどよくヒーターが効いているではありませんか.

今までなら「あの車に乗って行ってくれ, これがキーだ!」といった調子だったのですが, 一体どうなってるんだろう, 店が新しくなるとこうも変わるのかなと思いながら, ヒーターの効いた車で心地よく帰路につきました.

翌日, 車をとりに行って, おやじさんといろいろ話をしてわかったのですが, QCサークル活動を始めたというのです. これで納得がいきました.

この話をQCストーリーでまとめるとどうなるかと試みたのですが, あまりパッとしません. 小話は小話として, そのまま伝えたほうがよいようです.

発表資料の作成手順

　発表は，実際の活動がしっかりとしたものであることはいうまでもありませんが，内容のまとめ方や発表のしかたによって，訴える力はずいぶん違ってきます．それだけ発表資料は，QC サークル活動などの発表の補助具として欠かせないものとなっていて，発表資料のつくり方や使い方により，発表が生きたものになるかどうかが決まります．

　第 6 章では，効果的な発表とするための発表資料の作成手順を解説します．

　なお，21 世紀に入ってからは，パソコンとプロジェクターを用いた発表が主であり，発表資料作成では大多数が PowerPoint を活用しています．そのため，本書においても PowerPoint をベースとして解説していきます．

6.1 発表会の種類とスライドの枚数

発表会には，気楽な職場内での発表会から，外部の 1,000 名以上もの参加者を前にした大会まで，さらに内容にも改善事例の発表や運営事例を中心とした発表まで，いろいろな種類があります．

スライド（PowerPoint で作成したスライドのこと）作成でまず気になるのは，スライド作成枚数ですが，表 6.1 に各発表会における発表時間，発表原稿枚数，そしてスライド使用枚数を目安としてまとめましたので，発表の計画を立てる際の参考にしてください．

スライドの枚数は，発表時間というよりも発表会の種類によって異なってきます．特に，外部大会では発表スライド枚数に制限を設けている場合が多いので，確認が必要です．

表 6.2 に，発表内容のスライドへの割り付け例を示します．あるサークルが作成した発表原稿案をスライドごとに読み上げた結果です．聞き手に理解不足が生じないよう，各スライドへの割り付け（切替時間）を検討したものです．

表 6.1　発表会の種類と発表原稿・発表スライド数

発表会の種類	発表時間	発表原稿枚数 *	スライド枚数
社内職場・部門発表会	10 ～ 15 分	8 ～ 13 枚	5 ～ 20 枚
社内全社大会	15 分	11 ～ 13 枚	15 ～ 20 枚
外部 QC サークル大会	15 分	11 ～ 13 枚	20 ～ 35 枚
運営事例を中心とした QC サークル大会 **	18 分	15 ～ 17 枚	25 ～ 40 枚

　＊発表原稿枚数は 400 字詰原稿用紙に書いたときの枚数で，1 分間に話す量は 300 ～ 350 字を基準にしてある．
＊＊運営事例を中心とした発表会は，全日本選抜 QC サークル大会やその代表サークル選抜のために開催される各支部・地区の選抜 QC サークル大会などがある．

表 6.2　発表内容のスライドへの割り付け例

1 スライド当たりの平均字数　4,800/20 = 240 字数

発表スライド番号	発表原稿 字数(字)	枚数(枚)(400字詰)	QCストーリーのステップ	説明係数(注1)	スライド画面の難易度(注2)	判定(注3)	発表時間	対策
1	200	0.5	はじめに	0.8	○	○	30秒	
2	200	0.5		0.8	○	○	30秒	
3	400	1	テーマ選定	1.7	●	×	1分20秒	2枚に分割する
4	300	0.75	現状把握と目標の設定	1.3	●	×	1分00秒	2枚に分割する
5	100	0.25		0.4	○	○	20秒	
6	200	0.5	活動計画の作成	0.8	○	○	30秒	
7	600	1.5		2.5	●	×	1分50秒	2枚に分割する
8	100	0.25		0.4	○	○	20秒	
9	300	0.75	要因の解析	1.3	◎	×	1分00秒	No.10のスライドの内容を調整する
10	200	0.5		0.8	●	○	40秒	
11	400	1		1.7	○	×	1分20秒	No12のスライドの内容を調整する
12	200	0.5	対策の検討と実施	0.8	○	○	30秒	
13	100	0.25		0.4	●	×	20秒	内容，説明を再検討する
14	100	0.25		0.4	◎	○	20秒	
15	300	0.75		1.3	◎	×	1分00秒	内容を再検討
16	200	0.5	効果の確認	0.8	○	○	40秒	
17	300	0.75		1.3	○	○	1分00秒	
18	100	0.25	標準化と管理の定着	0.4	◎	○	20秒	
19	300	0.75		1.3	○	○	1分00秒	
20	200	0.5	反省と今後の課題	0.8	○	○	40秒	
合計	4,800	12枚	—	—	—	—	15分10秒	

注1　各スライドの説明係数＝各スライドの説明字数／平均字数
　　　各説明係数がおおよそ 0.5 〜 1.5 の範囲にあるか確認する.
注2　スライドの内容が簡単なもの：◎，平均的なもの：○，複雑なもの：●とした.
注3　判定の○：よい，×：要検討とした.

スライド

6.2　わかりやすいスライド作成の基本

わかりやすいスライドとするための基本を，次に述べます．

1)　報告書の内容に沿って―QC ストーリーで―

スライドに書き込む内容は報告書の内容に沿って，いい換えれば QC ストーリーで作成することによって，わかりやすいスライドとすることができます．報告書の内容とスライドの内容が違っていたのでは，何のための報告書か，どちらが実際の活動内容なのか，といったことが起こるので注意が必要です．

2)　1枚のスライドに主題は1つ―発表内容に沿って―

1枚のスライドには，今発表している主題(項目)のみを表し，発表と一体とすることが必要です．そして，見てもらいたい内容をスライドの中央部に配置することにより，ひと目で理解を得ることができます(図 6.1)．

3)　1枚のスライドは8行以内，1行は20文字以内

発表スライドは読ませるのではなく，ひと目でわからせるような工夫が必要です．ぎっしりと書かれたものは見る気もわきません．多くても8行以内，1行も 20 文字以内に収め，箇条書きなど短文化の工夫が必要です(図 6.2)．

4)　大き目の文字・数字・太めの線で

会場の広さ，画面の大きさにもよりますが，見えない文字や数字では意味がありません．最低でもフォントサイズ 24 ポイント以上は必要で，はっきり読めるフォントにします．

5)　図表を活用する

「1枚の絵は 100 万語の文字に優る」といわれるように，図表やカットの活用は効果的です．特に QC 手法などの図表は，情報伝達量の多さ，伝達の速さ，そして誰でも簡単に作図でき，しかも誰もが理解しやすいのが特長です．

なお，QC 手法の書き方については，第4章の 112 ～ 119 ページを参照してください．

わかりやすいスライド作成の基本

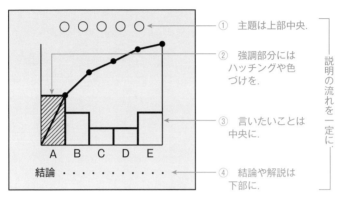

図6.1　画面の配置

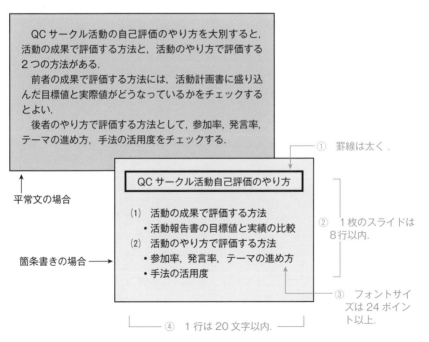

図6.2　文章の箇条書きと記入のポイント

スライド

6.3　スライド作成の手順

発表スライド作成にはプレゼンテーション用ソフトが必要です．本書では，最も広く用いられている Microsoft PowerPoint を用いた発表スライド作成の手順を解説します(図6.3)．なお，バージョンは PowerPoint 2019 を Windows 10 で用いています．

手順1　画面の組立て

発表内容(発表原稿)に従って，発表用途に応じた枚数分の発表スライドの画面素案を作成し，何を主題にするかを決めます．

手順2　画面の切換えの調整

枚数と発表時間に合わせて，原稿と画面の切替えタイミングを調整します．

手順3　PowerPoint を起動する

PowerPoint を起動するには，スタートメニューから，またはデスクトップから，もしくはタスクバーからアイコンをクリック(ダブルクリック)します．

手順4　作成に適したスライドの背景を選択する

「新規」メニューから，作成にふさわしい背景を選択します．凝りすぎないよう，シンプルなもの(通常は＜新しいプレゼンテーション＞)を選択します．

手順5　スライドのサイズを設定する

スライドのサイズは2種類あります．通常はメニューの＜デザイン＞→＜スライドのサイズ＞から＜標準4：3＞を選びます．

手順6　作成する内容をインプットする

選択したスライドのレイアウト枠を用い，その内容をインプットします．レイアウト枠以外の入力は，テキストボックスや図形などを用います．

手順7　編集する

作成した内容の大きさやレイアウト，色調などスライド全体を整えます．以後，手順4，5を繰り返します．

手順8　作成したスライドを保存する

作成したスライドをパソコン内や外付けメモリーへ保存します．

スライド作成の手順

手順 1　画面の組立　　手順 2　画面切替え
　　　　　　　　　　　　　　　時間の調整

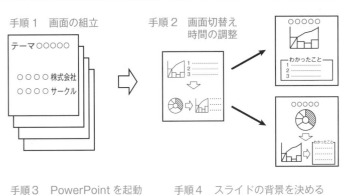

手順 3　PowerPoint を起動　　手順 4　スライドの背景を決める

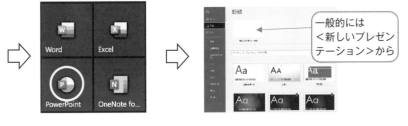

一般的には
＜新しいプレゼン
テーション＞から

スライド

手順 5　スライドのサイズを決める　　手順 6　内容をインプット

・レイアウト枠にインプット
・テキストボックスや図形へ
　文字入力
・その他，写真挿入など

手順 7　編集する　　手順 8　保存する

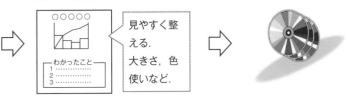

見やすく整
える.
大きさ，色
使いなど.

図 6.3　発表スライド作成の手順

6.4 スライド作成の基本技法

スライド作成の手順におけるスライドへの内容インプットの主な基本技法を解説します．なお，各手順の詳細やその他の機能は，PowerPoint の手引書などを参照してください．

（1）スライドを作成する構成要素

スライド上に構成する要素は，大きく分けると，スライド上で作成するものと，別に作成した図表や写真など他から持ち込む（挿入または貼り付け）ものとに分けられます．

いずれの場合にも，単にスライド上に各要素を配置するだけでなく，見やすい配置，大きさや色付けするなど，編集する必要があります．

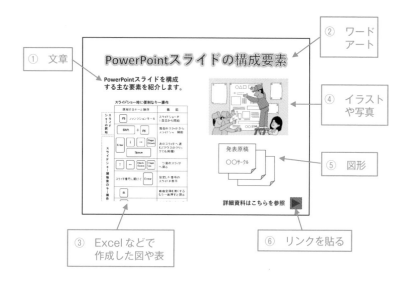

1)　文章の挿入

基本は，＜テキストボックス＞を使用します．下図のほか図形からも選択でき，横書きか縦書きかを選びます．また，図形の中にも文章を書き込めます．

2)　ワードアートの挿入

アート調のタイトルに仕上げたいときに用います．

3)　Excel などで作成した図表の挿入

すでに Excel などで作成した図や表，文章などから，選択した部分をコピー＆ペーストで貼り付けます．なお，一体化した図表を貼り付ける際には，＜図（拡張メタファイル）＞の形式を用いることで，1 つのオブジェクトとなるため，あつかいやすくなります．

4)　イラストや写真の挿入

イラストや写真を挿入するには，＜挿入＞タブの＜画像＞から，挿入元のファイルを選択し挿入します．もしくは，挿入したい写真やイラストから直接コピー＆ペーストします．

5) 図形の挿入

PowerPoint にはさまざまな図形のパターンをはじめ，アイコン，3D モデル，SmartArt などが収められています．魅力的なスライドとするため，上手に活用してください．なお，アイコンを挿入するには，インターネットに接続する必要があります．

6) リンクを張る

Excel などで作成した図や表を，スライド上から呼び出して表示し，詳細に説明できるようにリンクを張ることができます．リンク元のファイルを編集すると，スライド上で呼び出したファイルもデータが更新されます．また，ハイパーリンクの設定もできます．

手順の詳細は他の手引書などを参照のうえ，プレゼン時の操作が複雑にならないよう，注意ください．

7) 図表を作成する

スライド上で，グラフや表を作成できます．

【表の作成】

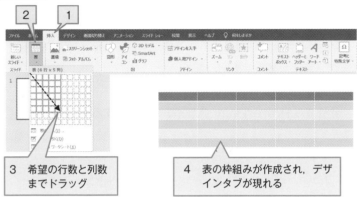

3　希望の行数と列数
　　までドラッグ

4　表の枠組みが作成され，デザ
　　インタブが現れる

【グラフの作成】

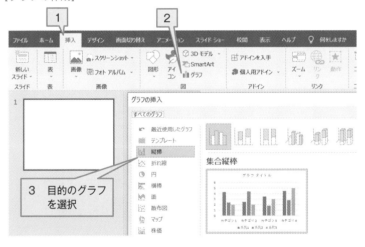

3　目的のグラフ
　　を選択

目的のグラフとデザインを選択後，グラフ内をダブルクリックするとワークシートが現れるので，データをインプットします．

なお，よく用いるグラフ類，パレート図，ヒストグラムなどを簡単に作成できますが，パレート図は，品質管理で描くものとは違う（累積曲線のスタイルなど）ので，編集が必要です．

8) 作成済み PowerPoint スライドから挿入する

作成済みの別の PowerPoint のファイルから，必要なスライドを挿入することができます．

＜ホーム＞タブの＜新しいスライド＞タブの最下段にある＜スライドの再利用＞をクリックし，挿入元のファイルを指定すると，画面右側にスライドが現れるので，必要なスライドをクリックして挿入できます．

（2） アニメーションの活用

スライドが完成したら，アニメーションを活用し，よりわかりやすく，魅力的なスライドに仕上げてください．ただし，アニメーションを多用しすぎると，かえって見にくいものと化すことにもなりかねず，注意が必要です．

アニメーションとは，スライドを構成するオブジェクト（図表や文章）に動きを与えることで，実際のプレゼンテーションを想定しながら設定しますが，その基本は，順序，動き，そして変化の設定になります．タイミングやパターンなどが多数用意されていますので，効果的なものを選択してください（図 6.4）．

項目の順序による提示

動きを与える

スライド切替え時の変化

図 6.4　アニメーション設定の基本

（3）　その他の便利な機能

1）　パソコン上でリハーサルが可能

　PowerPoint には，パソコン上でリハーサルを行える機能があります．その
ため，会場やスクリーンなどを準備することなく，都合のよいときにリハーサ
ルができます．スライドごとに時間計測ができるので，スライドごとの発表時
間調整や画面切替えのタイミングの確認などは，パソコン上で実施できます．

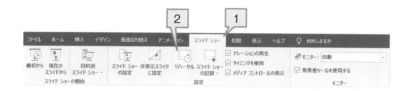

2）　スライドの自動提示が可能

　リハーサルでの望ましい画面切替えタイミングを記録し，このタイミングで
自動で提示することができるため，口頭説明の練習に効果的に活用できます．
ただし，発表本番での活用は，口頭説明のタイミングを一致させる必要があ
り，融通が利かなくなる危険性があるので，お薦めしません．

3）　ノート機能の活用

　作成したスライドに，そのスライドの説明や発表原稿などをテキストで入力
するノート機能を活用します．スライドショー実行中に，発表者のパソコンに
だけノートの内容を表示することができ，またスライドとノートをセットで印
刷する機能もありますので，活用したい機能です．
　なお，ノートの作成は，標準モードの画面の下に「ノートを入力」と表示さ
れた部分に発表原稿などを入力します．

スライド

6.5　作成したスライドの印刷

　作成したスライドは，発表関係者用の手許資料として，そして参加者への配付資料として，さまざまな用途に印刷して活用してください．

　印刷方法は4種類あり，目的に応じて使い分けてください．

① 　フルページサイズのスライド：スライドショーと同じ画面を印刷

② 　ノート：スライドとノートを一緒に印刷

③ 　アウトライン：スライドのアウトラインのみ印刷

④ 　配布資料：A4など1枚の用紙に複数枚のスライドを配置して印刷

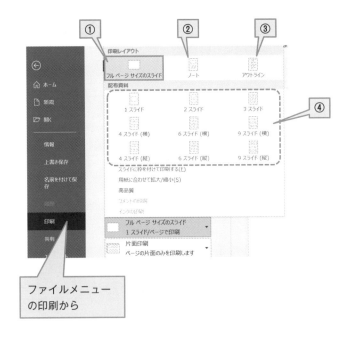

コーヒーブレーク ⑥

手づくりの味

　昔，小学生の息子が，何やら怪しげな（？）粉を注射器のようなものに入れて，それをプレスして食べていました．聞くと，手づくりガムだといいます．3種類のガムの素となる粉を付属の円筒の容器に入れ，これまた付属の棒でプレスしてできあがりです．子供の人気商品とのことで，一流メーカー品でした．そのうちにマニュアル付きのお菓子が氾濫するかもと，何とも奇妙な気持ちになってしまいました．

　私たちのまわりにはさまざまな便利な物や，サービスがあふれています．その一方で，手づくりを売り物にしたものもにぎわっています．DIY が好例で，その専門店には，ありとあらゆる DIY の材料や道具が揃っています．便利なものです．ここで必要なものを揃えて，いざこの世に1つしかない手づくり品の作成です．

　でも，本当にこれが手づくりなんだろうか，と思うことがあります．揃える材料は，ほとんどが規格品です．出来合いの材料なんです．昭和のころは，板が必要なら材木店に行き，金物店に行き，ときには土建屋に行って欲しいものを手に入れました．そして，そこでいろいろな知識を吸収したものです．こういうプロセスが今は省略されています．すべてが出来合いです．

　そんなことを思いめぐらしていると，ありました．身近に本物の手づくりのものがありました．QC サークル活動です．何となくうれしくなってしまいました．

第 IV 部
事例にみる
QCストーリーの実際

QC サークル活動における必要な知識，またレベル
アップのための知識を修得していくことの大切さはいう
までもないことですが，学んだことを実際に活動で繰り
返して活用することにより，それが生きた知識となって
いきます．

第IV部では，QC ストーリーが実際にどのように問題
解決に，そして報告書のまとめに活かされているかを，
事例から学びとっていただきます．また，事例は原稿に
手を加えずに生原稿をそのまま掲載してありますので，
社内外の発表大会における体験談報告要旨を作成した
り，発表する際の参考にしてください．

第 7 章

QCストーリーによる
報告書の実際

　QC ストーリーによる報告書の実際を事例で見てみましょう.

　報告書には１つの活動テーマが完了した際に提出する報告書から，体験談発表要旨とも呼ばれている QC サークル発表大会への発表に付随して提出する報告書，さらに書籍に掲載するための報告書など，さまざまな報告書があります. 第Ⅱ部で学んだ QC ストーリーの詳細，そして第Ⅲ部での QC ストーリーによる報告書のつくり方と発表のしかたが，実際にどのように問題解決に，また報告書としてのまとめに活用されているかを事例で学びとってください.

　本章に掲載している事例は，次の２種類です.

　事例１　社内報告書
　事例２　社外大会報告書

事例1 社内報告書

テーマ：資材倉庫管理業務に関わる作業時間の削減

日本ゼオン㈱高岡工場業務管理課 "よせなべサークル"

＜活用のポイント＞

1. 事例の概要

　この事例は，Excel フォーマットを活用して作られた全社大会用社内報告書で，2018 年 12 月開催の日本ゼオン㈱の全社大会である「第 17 回 Z Σ 大会」の JHS 部門において大賞を受賞しています.

　資材の倉庫管理業務に発生する困りごとを洗い出しました．数値化の工夫をしてグラフやパレート図で見える化を行って悪さ加減を明らかにし，特性要因図によって絞り込んだ重要要因を事実で検証し原因を明らかにして見事に解決した事例です.

2. 事例の特徴

　① 身近に起こる困りごとをテーマに，大きな成果に結びつけている.

　② 要因数の多い特性要因図から重要要因のヒントを得て絞り込み，取り上げた要因の内容を調べて，重要要因を検証している.

3. 事例活用のポイント

(1) 問題解決のしかた

　① 各ステップともにマクロの視点から着手し，事実重視で徐々にミクロへと特定していく展開の仕方が論理的・科学的になっている.

　② 困りごとを集め，改善する特性を決め，その推移を調べ，実際のデータをとって，対象を絞り込んで悪さ加減の現状を明確に把握している.

(2) 報告書のまとめ方

　① 各ステップの最後に自分たちが取り上げた内容を明確にまとめている.

　② 短い文章でその場面を適正に表現して，グラフなどの QC 手法を適切に活用した適正で無駄のない報告になっている.

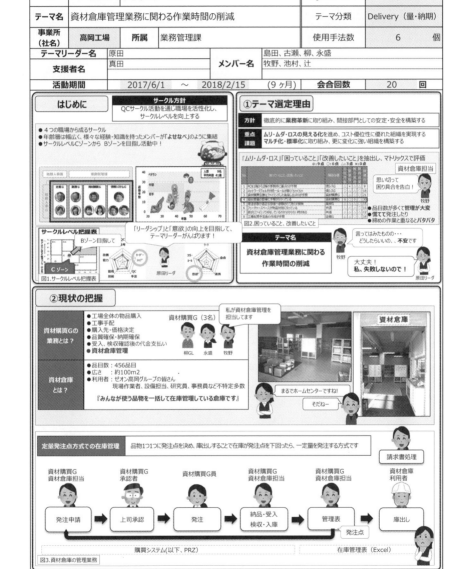

【ΖΣサークル活動計画書・報告書】　（問題解決型ＱＣストーリー）　改訂2版（ΖΣ大会用）　注

5	サークル名	よせなべサークル		QCストーリー	問題解決型
テーマ名	資材倉庫管理業務に関わる作業時間の削減			テーマ分類	Delivery（量・納期）
事業所（社名）	高岡工場	所属	業務管理課	使用手法数	6　個
テーマリーダー名	原田		メンバー名	島田、古瀬、柳、永盛	
支援者名	真田			牧野、池村、辻	
活動期間	2017/6/1　～　2018/2/15		（9ヶ月）	会合回数	20　回

事例

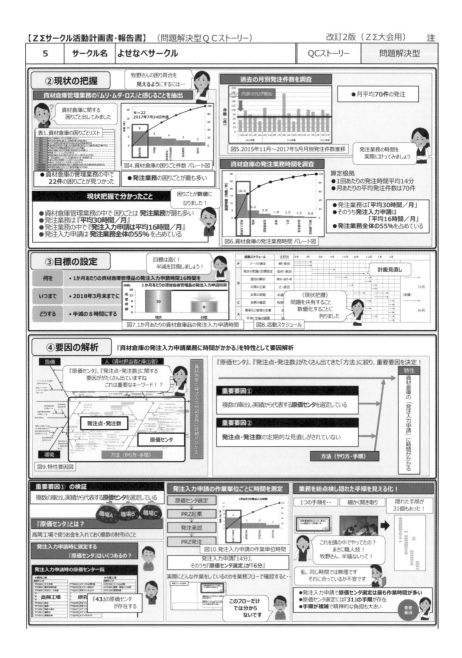

【ZΣサークル活動計画書・報告書】（問題解決型QCストーリー）　改訂2版（ZΣ大会用）　注

| 5 | サークル名 | よせなべサークル | | QCストーリー | 問題解決型 |

【ZΣサークル活動計画書・報告書】 （問題解決型QCストーリー）　　改訂2版（ZΣ大会用）　注

| 5 | サークル名 | よせなべサークル | | QCストーリー | 問題解決型 |

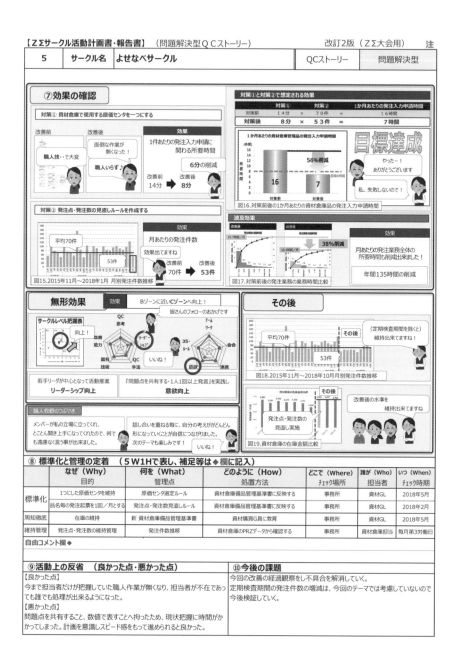

⑦効果の確認

対策① 資材倉庫で使用する原価センタを一つにする

改善前：職人技…で大変
改善後：面倒な作業が無くなった！／職人いらず♪

効果：1件あたりの発注入力申請に関わる所要時間　6分の削減
改善前 14分 ➡ 改善後 8分

対策①と対策②で想定される効果

	対策①		対策②		1か月あたりの発注入力申請時間
対策前	14分	×	70件	=	16時間
対策後	8分	×	53件	=	7時間

1か月あたりの資材倉庫管理品の発注入力申請時間　56%削減
対策前 16 → 対策後 7

目標達成　やった…！ありがとうございます　私、失敗しないので！

図16.対策前後の1か月あたりの資材倉庫品の発注入力申請時間

対策② 発注点・発注数の見直しルールを作成する

平均70件 / 53件

効果：月あたりの発注件数　効果出てますね　改善前 70件 ➡ 改善後 53件

図15.2015年11月～2018年1月 別発注件数推移

波及効果　38%削減

効果：月あたりの発注業務全体の所要時間削減出来ました！　年間135時間の削減

図17.対策前後の発注業務の業務時間比較

無形効果　効果
Bゾーンに近いCゾーンへ向上！
皆さんのフォローのおかげです

サークルレベル把握表
QC思考 / 改善能力 / 国有技術 / QC手法 / リーダーシップ / チームワーク / 会合 / 意欲 / 連携
向上！／いいね！

若手リーダが中心となって活動推進　リーダーシップ向上
『問題点を共有する・1人1回以上発言』を実践！　意欲向上

職人牧原のつぶやき
メンバーが私の立場に立ってくれ、とことん聞き上手になってくれたので、何でも遠慮なく言う事が出来ました。
話し合いを重ねる毎に、自分の考えがどんどん形になっていくことが自信につながりました。次のテーマも楽しみです！　いいね！

その後
平均70件 / 53件
その後　（定期検査期間を除くと）維持出てますね！

図18.2015年11月～2018年10月月別発注件数推移

その後　発注点・発注数の見直し実施
改善後の水準を維持出来てますね

図19.資材倉庫の在庫金額比較

⑧ 標準化と管理の定着　（5W1Hで表し、補足等は◆欄に記入）

	なぜ（Why）目的	何を（What）管理点	どのように（How）処理方法	どこで（Where）チェック場所	誰が（Who）担当者	いつ（When）チェック時期
標準化	1つにした原価センタを維持	原価センタ選定ルール	資材倉庫備品管理基準書に反映する	事務所	資材GL	2018年5月
標準化	品名毎の発注起票を1回/月とする	発注点・発注数見直しルール	資材倉庫備品管理基準書に反映する	事務所	資材GL	2018年2月
周知徹底	在庫の維持	新 資材倉庫備品管理基準書	資材購買G員に教育	事務所	資材GL	2018年5月
維持管理	発注点・発注数の維持管理	発注件数推移	資材倉庫のPRZデータから確認する	事務所	資材倉庫担当	毎月第3労働日

自由コメント欄◆

⑨活動上の反省　（良かった点・悪かった点）

【良かった点】
今まで担当者だけが把握していた職人作業が無くなり、担当者が不在であっても誰でも処理が出来るようになった。

【悪かった点】
問題点を共有すること、数値で表すことへ拘ったため、現状把握に時間がかかってしまった。計画を意識しスピード感をもって進められると良かった。

⑩今後の課題

今回の改善の経過観察をし不具合を解消していく。
定期検査期間の発注件数の増減は、今回のテーマでは考慮していないので今後検証していく。

事例 2　社外大会報告書

テーマ：A 型エンジン　ウォーターポンプ取付面リーク NG の撲滅
（会社の枠を超えた文殊の知恵活動で早期解決を実現）

日産自動車㈱横浜工場品質保証部 "BS サークル"

<活用のポイント>

1. 事例の概要

　この報告書は，第 6086 回オール京浜改善事例大会で大会賞を獲得した事例です．新人の育成を兼ね，取付面リークという重要問題に他部門，他社と連携する「3 モン活動」で現場現物による深掘りして悪さを見つけ，検証の積み重ねで真の原因を特定して解決した好事例です．

2. 事例の特徴

① 他部門や他社との連携で現状把握を徹底して行い，悪さを特定している．

② 特性要因図で取り上げた重要要因を検証し，真因を特定している．

③ 新人を改善ステップの副担当にし，人材育成をはかっている．

3. 事例活用のポイント

(1) 問題解決のしかた

① テーマ選定のしかた，テーマ選定マトリックスの評価の内容を丁寧に説明し，テーマ選定の納得性を高めている．

② 徹底した現場現物での現状把握と悪さ加減の絞り込み，悪さの状況に対して 4M の現状調査をとことん行い，悪さ加減を明確にしている．

③ 要因の検証を丁寧に行い，対策項目を特定している．

(2) 報告書のまとめ方

① 各画面に実施した調査などのまとめを入れ，その画面の結論を明確にしている．

② 現状把握のまとめ，検証結果のまとめを行い，自分たちがそのステップでとらえた結論を明らかにし，問題解決の要点を明確にしている．

事
例

テーマ	A型エンジン　ウォーターポンプ取付面リークNGの撲滅 〈会社の枠を超えた文殊の知恵活動で早期解決を実現〉

日産自動車㈱横浜工場　品質保証部

発表者
浦本 実季（うらもと みき）

サークル名	BS
サークル結成年月	1969年4月
サークル活動年数	49年目
本部登録ナンバー	43-10
サークルメンバー数	5名
テーマ取組み開始年月	2017年5月
テーマ活動期間	2ヶ月
テーマ会合回数	12回
平均会合時間	1時間

サークルのセールスポイント

3工場を巻き込んだ3モン活動（3拠点文殊の知恵活動）で漏れをゼロに出来ました。横浜工場で加工していない部位から漏れが発生していましたが、自責に捉え規格の無いものをしっかりと規格に落とし込みまで実施しました。クロスファンクショナルなサークルです。

1．会社紹介 【 日産自動車㈱ 】

2．横浜工場紹介

3．職場紹介　横浜工場 品質保証部

4．サークル紹介

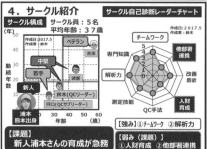

5．BSサークルの目標

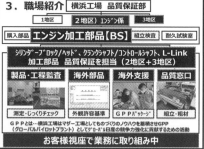

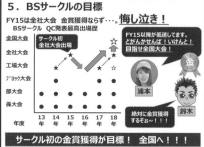

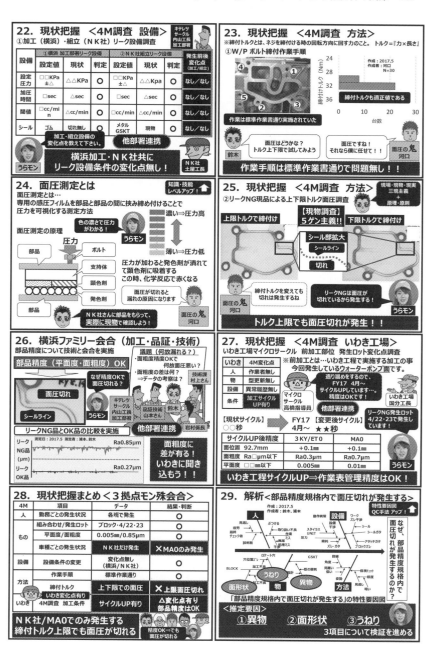

事例

QCストーリーによる
スライドと発表原稿の実際

QC ストーリーを活用して発表を行う場合，スライドと発表原稿はどのように構成すればわかりやすくなるのか，事例を見てみましょう.

QC サークル活動の発表は，第 5 章でも述べたように，いろいろなレベルの発表会が用意されています．発表では，自分たちの活動内容を理解してもらうことが大切です．わかりやすく，丁寧に発表しましょう.

第 8 章では，社外の発表会で実際に使われたスライドと発表原稿を，同時に掲載しました．前書きの部分を書き換えればどのレベルの発表会でも活用できますから発表準備の参考にしてください.

事例3　スライドと発表原稿

テーマ：利用者の人員把握を徹底しよう！〜利用者所在不明をゼロにする〜

社会福祉法人南風会　シャロームみなみ風 "チームオリーブ"

<活用のポイント>

1．事例の概要

　この事例は東京都社会福祉施設士会が 2020 年に開催した福祉 QC 活動発表会で発表された事例です．発表に使用されたスライドと発表原稿の 2 部構成になっています．用途に応じて参考にしてください．

2．事例の特徴

　この事例は，外部の発表会ですから，どのようなサービスを提供している施設なのか，サークルが担当している業務や工程の内容，テーマの対象になるサービスの概要を説明しています．これはサークルの担当する仕事を知らない人たちに対する配慮で，内容を理解しやすくしています．

⑴　スライドの作り方の特徴

　①　多少長い文章表現が見られるが，主張部分を強調し明確にしている．

　②　主張部分の繰り返しなどを使い，丁寧に説明している．

　③　前後のつながりを明確にし，理解しやすく構成している．

⑵　発表原稿のつくり方の特徴

　①　口頭説明は極力シンプルにして，可能な限り短くしている．

　②　業界用語の使用を避け，わかりやすい平易な言葉遣いにしている．

3．事例活用のポイント

　この事例の発表原稿は，スライド 1 枚当たり平均約 85 文字で作成されています．プレゼンテーションで聞き手が理解しやすいペースは，「1 分間に 300 文字」といわれています．40 枚のスライド数ですから，このスピードだと約 13 分の発表時間になります．発表原稿を割り付ける参考にしてください．

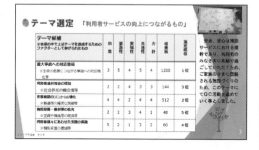

「利用者の人員把握を徹底しよう！
～利用者所在不明をゼロにする～」

　社会福祉法人南風会シャロームみなみ風，チームオリーブです。よろしくお願いします。

　本日発表は，滝沢と齋藤で行います。今回の活動にあたりまして，施設長よりコメントがありますので，スライドで紹介します。

　「シャロームみなみ風」は社会福祉法人南風会が 2015 年に開所した，東京都新宿区にある知的障害者のための施設です。利用者は，入所，通所合わせて現在約 70 名。職員は 1 日平均 40 名ほどの体制です。

　サークル名はチームオリーブ，メンバーは 5 名で生活支援員が 3 名，事務員 1 名，調理員 1 名で構成されています。

　「利用者サービスの向上につながるもの」という施設の方針をふまえ，今回のテーマを検討しました。ブレインストーミング方式を用いて，意見を出し合い，評価マトリックスを作成し，選定順位を付けました。

　テーマ選定マトリックスを作成した結果，重大事故への対応整備」が選定順位 1 位となりました。

　重大事故への対応整備の，具体的な課題を見つけるため，利用者における，もっとも危険な事故は何かを，全職員に意識調査を 19 年 8 月 26 日から 9 月 6 日に実施しました。

　右側にあるのが実施したアンケート用紙です。

　対象者 76 名に配り，回収者は 47 名，回収率は 61.8% となりました。

事例

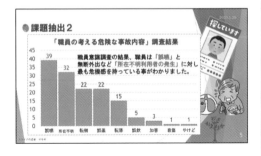

調査結果はご覧のとおりです．誤嚥と所在不明が他よりとび抜けていました．

また，意識調査の結果，誤嚥と無断外出などの所在不明に対して職員は最も危機感を持っていることがわかりました．

私たちは上位２つの発生件数を事故報告書や日誌等で調査し，その推移をグラフ化してみました．

その結果，近年，所在不明件数が急増していることがわかりました．

2019年のデータは上期のもので年度では前年並みの結果が予想されます．

この結果を受け，「所在不明事故を撲滅するために利用者の人員確認を徹底する！」をテーマに決定しました．

活動計画はご覧のとおりです．現状把握に手間取り，全体的に一月遅れの状態でしたが，最終的には予定を全うしました．

検討材料になる特性が以下の４つが考えられました．

具体的には，施設の立地，施設の構造上，利用者および提供サービス，職員の構成と配置の４つの特性を対象に問題点を分析することにしました．

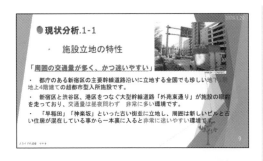

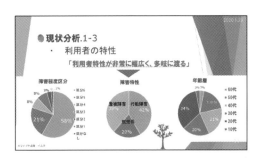

1つ目が施設立地の特性で，「周囲の交通量が多く，かつ迷いやすい」です.

日々の活動で利用者と一緒に施設周辺の散歩に出かけていますが，慣れている職員でも道を間違えると迷うこともあります.

詳細につきましては以下をご覧ください.

2つ目が施設構造上の特性で，「曲がり角が多く，職員の目が届かなくなるような死角が多い」です.

少し小さいですが各フロアの見取り図を載せました.

赤い矢印の部分が曲がり角になっていますが，各フロアにおいて曲がり角が多そうな感じに見えるかと思います.

3つ目が利用者の特性で，「利用者特性が非常に幅広く，多岐にわたる」です.

成人の知的障害の方から重複障害のある方や軽度の方まで，年齢層も18歳から64歳までと幅広い方が利用されています.

4つ目が職員の特性で，「職員はグループごとに専従で配置するため，他のグループ利用者に対する認知度が低い」傾向にあります.

下の写真はグループの一例となっています.

事例

前年度のQC活動で実施した職員の利用者認識度調査でも、グループの異なる利用者に対して顔と名前が一致しない傾向が見受けられました。

利用者の顔写真を見て名前を記入してもらいました

私たちは各職員がどれだけ利用者や他職員の顔を理解しているか調査するため，前年度に職員の利用者認識調査を行った結果，職員の特性として，グループの異なる利用者に対して，認識度が低い傾向が見受けられました．

● 現状分析 2-1

フロア別パレート図

3階利用者が突出している

利用者別パレート図

3階利用者の5名に集中している

過去の所在不明事故の内容を調査し，さまざまな視点からパレート図を作成し，分析しました．

フロア別パレート図では，所在不明事故の対象利用者の割合として3階の利用者が突出しています．

右の図が利用者別パレート図で，利用者名は伏せてありますが，対象利用者の上位5名が3階の利用者に集中しています．

● 現状分析 2-2

発生時の状況別

活動前後が突出している

時間帯別

活動前後の時間帯が突出している

次に発生時の状況と時間帯別のパレート図です．

発生時の状況別，時間帯別ともに活動前後の時間帯が突出していることがわかりました．

● 目標設定

現状把握により得られた2018年度の所在不明が14件、2019年度上期で既に6件となっている事から、

所在不明事故発生件数

2019年度下期発生件数を上期の半数、3件以内に抑える事を目標としました。

目標設定です．現状把握により得られた結果より，所在不明が2018年度14件，2019年度上期で6件となっていることから，2019年度下期の発生件数を上期の半数の3件以内にすることを目標にしました．

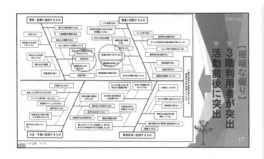

パレート図を検討したところ極端な偏りが見つかったので、そこに至る要因を検討するために特性要因図を作成しました。

特性要因図はこちらのようになりました。

その中でも赤丸で囲った部分、死角の存在と誘導時の役割分担に注目しました。

先ほど赤丸で囲った部分を重要要因とし、ここを糸口にして解決策を検討し、解決のための対策を立案し、課題を考えました。

誘導時の役割分担と死角の存在の検討内容はご覧のとおりです。

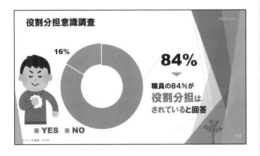

課題としてあがってきた誘導時の役割分担について、職員の意識調査を実施しました。

結果はほとんどの職員が、役割分担がされていると認識していることがわかりました。

移動時の役割分担についての意識調査はご覧のとおりになります。

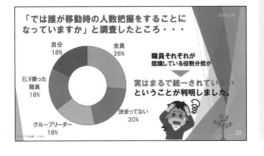

では、誰が移動時の人数把握をしているかの調査したところグラフを見てわかるように答えがバラバラで、職員それぞれが認識している役割分担が、実はまるで統一されていなかったことがわかりました。

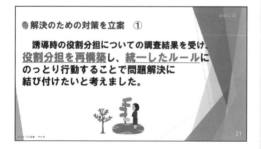

調査結果に基づき，役割分担を再構築して，統一したルールにのっとり行動することで問題解決に結び付けたいと考えました．

日課作成時に設定された，活動リーダーが人員把握と点呼を行い，移動時に周囲の残留者確認と，人数把握を全職員が行うルールを設定する．

また，情報の伝達方法が「メモを残してください」，「なにかあったら内線に，PHSにかけてください」，「館内放送で…」など多様だったので，職員同士の伝達方法を見直し，職員間の連絡手順を定めることにしました．

伝達方法を一本化するために，活用されていなかったPHSを活用することにしました．すぐに連絡ができるよう，各PHSの裏面にPHS番号一覧を貼り，各部署に充電器を設置しました．

対策の実施①の1と①の2を踏まえて，ご覧のように日課作成時に全職員へ周知できるように日課票表のフォームを変更し，移動前後に活動リーダーが利用者数を把握し，他の職員全員が確認することを設定してルール付けを行いました．

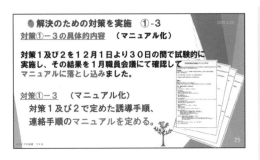
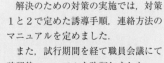

解決のための対策の実施では，対策1と2で定めた誘導手順，連絡方法のマニュアルを定めました．

また，試行期間を経て職員会議にて確認後マニュアルを改訂しました．

死角をなくすため，発生する場所や発生条件を調査しました．

構造的には特に4階エレベーター前に死角があることがわかりました．

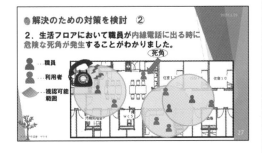

生活フロア2階，3階は内線電話に出るときに死角が発生することがわかりました．

図で説明するなら，この職員が固定の内線電話に出ることにより利用者が完全にフリーな状態が生まれています．

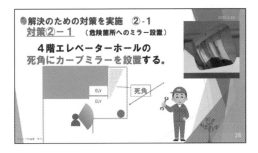

4階エレベーター前の死角にカーブミラーを設置し，死角の発生の防止をはかりました．

事
例

対策②－2 （内線電話の使用禁止）

内線電話の使用を原則禁止し、PHSの活用を徹底する。

⇒内線電話を受けるために支援員が持ち場を離れた結果、ノーマークとなる利用者が発生し、無断外出の要因となるケースがあったのでPHSを活用し死角の発生を防ぎます。

内線電話の使用を原則禁止し，PHSの活用を徹底しました．

内線電話を受けるために支援員が持ち場を離れた結果，ノーマークとなる利用者が発生し，無断外出の要因となるケースがあったのでPHSを活用し死角の発生を防ぎます．

対策①－1 （役割分担の明確化）

日課作成時に設定された活動リーダーが人員把握と点呼を行い、移動時の周囲の残留者確認と人数把握は全職員が行う。

活動リーダーだけでなく、職員全員で人員把握をする習慣がつき、無断外出など所在不明事故の減少につながりました。

日課作成時に設定された活動リーダーが人員把握と点呼を行い，移動時に，周囲の残留者確認と人数把握を全職員が行った結果，活動リーダーだけでなく，職員全員で人員把握をする習慣がつきました．

対策①－2 （連絡手順の一本化）

職員同士の情報伝達方法を見直し、職員間の連絡手順を定める

PHSを活用することで職員間の連絡・報告が迅速になり、利用者対応を中断せず連絡が取れるようになりました。

職員同士の情報の伝達方法を見直し，職員間の連絡手順を定めた結果，PHSを活用することで，職員間の連絡や報告が迅速になり，利用者への対応を中断することなく，連絡する習慣ができスムーズに連絡できるようになりました．

対策①－3 （マニュアル化）

対策①－1及び①－2で定める誘導手順、職員間連絡手順のマニュアルを定める。

3月の役職者会議で討議し、決定し、全職員にあらためて周知する予定です。

誘導手順や職員間連絡手順を定めるマニュアルにつきましては3月の役職者会議で討議，決定し，全職員にあらためて周知する予定です。

これまで死角となっていた危険ゾーンにカーブミラーを設置したことにより，死角が消失し，安全度が増加しました．

ご覧のとおりミラー設置により死角が消失しました．

これまで内線電話を受けるために職員が持ち場を離れた結果ノーマークになる利用者が発生し，無断外出になる利用者が発生する要因となることが，PHS の活用により死角の発生が大幅に減少しました．

図のように，PHS を活用することで，現場を離れる必要がなくなったので，死角の発生を防げています．

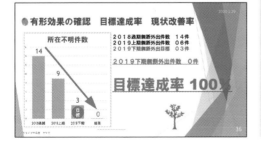

有形効果の確認です．目標は下半期 3 件としましたが，発生件数は，0 件です．

目標達成率は，100% を超過達成です．

事

例

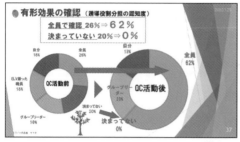

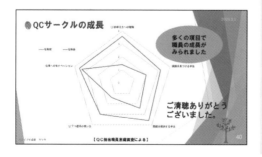

誘導時に全員で確認すると答えた人が，QC活動前では26%だったのに対し，QC活動後では62%となり，決まっていないと答えた人はゼロになりました．

無形効果としては，手順がはっきりしたことで，次にする行動を迷わなくなった，外出，外泊の連絡モレがなくなったとの意見が上がりました．

また，波及効果については，業務連絡のため利用者に背を向ける場面が減り，支援サービスの品質向上につながったとの意見も挙がりました．

その他は以下のとおりです．

歯止めです．

標準化は移動時の人員確認手順のマニュアルを作成，周知．

教育の実施はOJTにて教育を行う．

維持管理はリスク委員会にて対応を行う．

最後にまとめと反省です．全体を通して施設の方針である，「利用者サービスの向上」に直接つながるテーマとなり，視線現場の改善につながることができました．

私たち自身，新たにQC活動の取り組みを行い，職員全体への周知方法の難しさや計画通りに進めるための，事前準備など学ぶべき点が多くありました．

今後はQC活動で培った経験を活かし，利用者サービスの質・向上につながるよう努力していきます．以上でチームオリーブの発表を終わります．

ご清聴ありがとうございました．

付　録
QCストーリーの
評価と講評のポイント

QCサークル活動の報告や発表に対して行われる評価と講評は，それぞれ重要な意味をもっています．ここではQCストーリーの側面から，評価と講評のポイントについて述べますので，QCストーリーをより理解するうえでの参考として活用してください．

評価のポイント

（1） 評価の対象—人間的側面と科学的側面—

評価の目的によって評価の対象は変わりますが，QCサークル活動の目的とする事項が，「どのように，どれだけ具体化されているか」を見るのが評価の基本になります．つまり，QCサークル活動が持つ人間的側面と科学的側面を，評価の目的に沿ってバランスよく評価することが大切です．

- 人間的側面：全員が一致協力して知恵と力を出し合い，各人が活動を通して確実に成長していく，また，活動の中での和と楽しさ，さらに高いモラールを形成していくこと．
- 科学的側面：科学的な手法を全員が身につけ，職場の管理・改善活動に活用し，仕事や職場のレベルを上げていくこと．

科学的な側面はQCストーリーそのものであり，QCストーリーの本質を理解する重要なポイントになります．

（2） QCストーリーの評価

1つのテーマ活動に対する評価は，人間的側面の評価より科学的側面の評価，つまりQCストーリーの評価が中心となります．一般的には，QCストーリーの各ステップを評価項目に分けて評価しますが，この場合の留意事項を次に述べます．

1） QCストーリーの評価

各ステップが連続してつながることでQCストーリーを構成していることを忘れると，ステップ単独の，ぶつ切りの評価になりかねません．活動全体の流れ，問題解決そのものの進め方を見失わないよう，注意が必要です．

2） QCストーリーの展開は一様ではない

同一テーマでも，サークルによって，活動の過程がまったく同じ道を歩むとは限りません．単に評価項目のみに頼った評価では，それぞれのサークルの持ち味や独自性を見逃してしまいます．職場環境などの背景や，サークルの持ち味を読み取る努力をしたうえでの評価が必要といえます．

（3）　評価リストの実際

　表1は改善事例発表に対する評価リストの一例です．会社や職場に合った評価リストを作成する際の参考にしてください．

表1　改善事例評価リストの一例

	No.	評価項目	評価のポイント	配点(点)
QCストーリーの評価	1	テーマの選定	・サークルおよび職場のニーズに対応しており，困り具合が明確か． ・関連部門への配慮がなされているか．	10
	2	現状の把握と目標の設定	・「どう悪い」のかが，データなどから客観的に示されているか． ・目標(値)を決めるまでのプロセスと根拠が明確で，説得性があるか．	10
	3	活動計画の作成	・メンバーの役割分担や職制への協力要請などを事前に検討し，計画だった進め方ができているか．	10
	4	要因の解析	・絞り込んだ現象が「なぜ悪いのか」についての要因が十分に洗い出され，データで検証して，真の原因が明らかにされているか．	10
	5	対策の検討と実施	・真の原因に対して，対策は結びついているか． ・効果的な対策が検討されているか．	10
	6	効果の確認	・立てた目標を達成した効果になっているか． ・波及効果，無形効果も把握しているか．	10
	7	標準化と管理の定着	・確実な再発防止のための処置がなされ，効果が持続しているか．	10
	8	反省と今後の課題	・活動のプロセスに対する反省を意識して行っているか． ・反省や残った問題点が整理され，今後の活動に生かそうとしているか．	10
活動の評価	9	サークル運営の工夫	・今回のテーマ活動で，メンバーが一致協力して問題解決していく努力や工夫がされているか． ・サークル運営のPDCAが回っているか．	10
	10	発表方法	・わかりやすい発表にできるよう努力しているか．	5
	11	特別評価	・見せかけでなく，特に優れた点や心を打たれる点があったか(他の模範として推奨できる)．	5
合計				100

評価・講評

講評のポイント

「講評は評価と密接な関係があります」というより，講評は評価そのもので
もあり，正しい評価を踏まえてこそ，望ましい講評につながります．それだけ
講評の影響は大きいといえます．そのため講評者は評価の実践を繰り返し，正
しい評価の仕方と自らのサークル育成方針を身につけて対応することが必要で
す．

講評の基本について述べますので，評価のポイントと合わせて参考にしてく
ださい．

（1） 評価の相手は出席者全員

QC サークル発表会や大会は相互啓発の場です．発表を通して，その場に出
席している全員のレベルアップに資する場です．講評は発表側と聴講側の双方
の立場，ニーズに立って行うことが大切です．

表2に講評のニーズとポイントをまとめました．

表2　講評のニーズとポイント

対象	ニーズ	講評の対象項目	講評のポイント
発表サークル	・努力と苦労を認めてほしい ・客観的な評価がほしい ・いろいろ勉強したい	成果	ねぎらいと励まし
		改善内容	今後のレベルアップ
		運営の内容	工夫の評価
		科学的な手法の活用	間違いの指摘
		発表のしかた	工夫の評価
聴講者	・見聞きして学んだことを持ち帰りたい（お土産が欲しい）	活動の成果 QC ストーリーの活用法 発表のしかた 運営の方法 科学的手法の活用法 発表のしかた	活動の喜び レベルアップのための具体的なハウツー指導

（2）　講評における留意事項

講評における留意事項を，表3のチェックシートにまとめました．

表3　講評の留意事項のチェックリスト

No.	留意事項	チェック欄
1	報告書による事前の十分なチェックなど，発表内容の理解に努めたか	
2	発表会場の代表として，発表サークルにねぎらいの気持ちをもって接し，今後の成長を願っての内容だったか	
3	講評の対象者が，発表サークルおよび会場の全出席者であることを忘れなかったか	
4	発表内容(活動そのもの)を否定したものとならなかったか	
5	人間的側面と科学的側面の両面からの講評だったか	
6	結果よりもプロセスを重視した内容だったか	
7	発表サークルの特徴をよく把握したうえで，講評内容を組み立てたか	
8	アドバイスは発表サークルのレベルに合わせた，実行可能な内容だったか	
9	明らかな間違い(QC 手法の活用など)について，相手が納得できる指摘ができたか	
10	講評のステップ，「ねぎらい→ほめる→アドバイス→励まし」に沿って，簡潔，明瞭に行ったか	
11	内容が出席者全員に伝わるよう，具体的でわかりやすい講評に徹したか(発表パワーポイントスライド，要旨集の活用など)	
12	よかった点と改善して欲しい点の両面を，同一事項から取り上げて，混乱を招かなかったか	
13	単に「よかった」，「よくない」で終わらず，なぜ講評項目として取り上げたかの理由を述べたか	
14	「よくわからない」などの弱音を言わず，自信をもって行ったか	
15	発表者や参加者の反応を確かめられる余裕があったか	
16	講評時間を守れたか	
17	自分にとってもよい勉強となったか	

評価・講評

■引用・参考文献

1) QCサークル本部編：『QCサークル運営の基本』，日本科学技術連盟，1997年.

2) 小松製作所・粟津工場生産技術部品質管理課：「QCサークル運営の円滑化をはかるための手引書」，『品質管理』，Vol.15，No.4，pp.60-69，1964年.

3) 山田佳明編著，須賀尾政一，高木美作恵著：『課題達成型QCストーリーの基本と活用』，日科技連出版社，2022年.

4) 日産自動車㈱ ガッツサークル：「マレーシア向けセレナ塗装済み部品納期調整による部品滞留の撲滅」，『QCサークル京浜地区第6131回体験事例発表交流会要旨集』，2019年.

5) 日野自動車㈱ 化粧Aサークル：「失敗をバネに変えてくれたQCサークル活動 ドア塗装不具合の後工程流出低減」，『QCサークル京浜地区第5596回体験事例発表交流会要旨集』，2014年.

6) 日産自動車㈱ ヨシダーズサークル，「時間当たり出来高24台へ 3班2交代回避への挑戦」，『QCサークル京浜地区第6080回オール京浜改善事例大会要旨集』，2020年.

7) 日野自動車㈱ BREAKサークル：「静圧試験時における墜落，落下リスクの低減」，『QCサークル京浜地区第6086回オール京浜改善事例大会要旨集』，2018年.

8) ㈱TMJ 斉藤塾－エクステリア見積校－サークル：「業務プロセスの生産性改善」，『QCサークル京浜地区第6086回オール京浜改善事例大会要旨集』，2018年.

9) 日本ゼオン㈱ テリワンサークル：「ロータリースクリーンにおける慢性トラブルの撲滅」，『QCサークル京浜地区第5873回オール京浜改善事例大会要旨集』，2016年.

10) トヨタ紡織㈱ はじめの一歩サークル：「ドアトリムキズ不良の撲滅」，『QCサークル京浜地区第6057回事業所見学交流大会要旨集』，2018年.

11) プレス工業㈱ K.O.U.S.E.I.J.Kサークル：「給与関係帳票の会社控えのペーパレス化」，『QCサークル京浜地区第6131回体験事例発表交流会要旨集』，2018年.

12) 日野自動車㈱ こだまAサークル：「MT分解時におけるクラッチレリーズフォーク取外し作業の効率化」，『第6080回QCサークル京浜地区オール京浜改善事例大会要旨集』，2020年.

13) コニカミノルタジャパン㈱ ビックラーメンサークル：「フリーテリトリー制導入によるCE働き方改革の推進～港SSにおける時間外労働時間の削減」，『QCサークル京浜地区第5985回オール京浜改善事例大会』，2017年.

14) ジェイテクト㈱ グリーンベレーサークル：「フライス盤作業レベルの向上～

作業現場新人教育」，『QC サークル京浜地区第 5811 回ステップアップ大会要旨集』，2016 年.

15) 日野自動車㈱ TEAM ゼロヨンサークル：「Rr アクスルシャフト機械加工における，黒皮残り不具合ゼロ」，『QC サークル京浜地区第 5751 回事業所見学交流大会要旨集』，2015 年.

16) 日野自動車㈱ 安衛レンジャーサークル：「安全・安心な健康診断への道のり」，『QC サークル京浜地区第 5873 回オール京浜改善事例大会要旨集』，2016 年.

17) ㈱アーレスティ ムソーサークル：「全体昼礼の満足度向上〜目的とニーズ. 何気ない仕事の価値を見直そう」，『QC サークル京浜地区第 6080 回オール京浜改善事例大会要旨集』，2020 年.

18) ㈱ジーシーデジタルプロダクツ コンポジット製造改善プロジェクト：「ユニチップ CR 製品における製造量の拡大」，『QC サークル京浜地区第 5751 回事業所見学交流大会要旨集』，2015 年

19) コニカミノルタビジネスアソシエイツ㈱ はがきサークル：「社内メール仕訳業務における仕訳ミス件数の撲滅」，『QC サークル京浜地区第 5985 回改善事例体験交流会要旨集』，2014 年.

20) 日本ゼオン㈱ サプライズサークル：「合成ゴム生産時の包装工程ミシン糸切れ発生防止」，『QC サークル京浜地区第 5659 回オール京浜改善事例大会要旨集』，2014 年.

21) 日本ゼオン㈱ よせなべサークル：「資材倉庫管理業務に関わる作業時間の削減」，『Z Σ サークル活動計画書兼報告書事例 日本ゼオン全社大会要旨集』，2018 年.

22) 日産自動車㈱ BS サークル：「A 型エンジン ウォーターポンプ取付面リーク NG の撲滅」，『QC サークル京浜地区第 6086 回オール京浜改善事例大会要旨集』，2018 年.

23) シャロームみなみ風 チームオリーブ：「利用者の人員把握を徹底しよう！〜利用者所在不明をゼロにする」，『東京都社会福祉施設士会福祉 QC 改善事例発表会要旨集』，2020 年.

執筆者紹介

杉 浦　忠（すぎうら・ただし）

1941 年生まれ

現　職　マネジメントクォルテックス　代表
　　　　QC サークル本部幹事，QC サークル京浜地区顧問などを歴任．
　　　　QC サークル上級指導士．

著　書　『続 QC サークルのための QC ストーリー入門』（共著），『QC
　　　　サークルのための PowerPoint 実践テクニック』（共著），『QC
　　　　サークルのための研修ゲーム入門』（共著），『自分が変わる仕事
　　　　が変わる　アイデア発想法』（共著），『Excel と PowerPoint を
　　　　使った問題解決の実践』（共著），『ものづくりを演出する「ナレ
　　　　ッジワーカー」』（共著），『QC サークルのための PowerPoint 実
　　　　践テクニック』，『開発・営業・スタッフの小集団プロセス改善活
　　　　動』（共著），以上，日科技連出版社，『QC サークルの基本』（共
　　　　著），日本科学技術連盟，『ビジネス文書のビジュアル化テクニ
　　　　ック』（共著），日刊工業新聞社，『The QC Storyline』（共著），
　　　　Asian Productivity Organization，『打つ手は無限　視野を広げ
　　　　て改善活動』（編著），「品質月間テキスト No.327」，品質月間委
　　　　員会，『続 QC サークルのための QC ストーリー入門（中国語
　　　　版）』，中衛発展中心（台湾），他多数．

山 田 佳 明（やまだ・よしあき）

1947 年生まれ

　　　　QC サークル本部幹事，『QC サークル』誌編集副委員長などを歴任．
　　　　元コマツユーティリティ㈱．

著　書　『QC サークルのための OHP 入門』（共著），『いきいき QC サー
　　　　クルこれが決め手』（共著），『QC サークルのための研修ゲーム
　　　　入門』（共著），『続 QC サークルのための QC ストーリー入門』（共
　　　　著），『QC サークルのための PowerPoint 実践テクニック』（共
　　　　著），『職場ですぐに使える QC サークルの知っ得基本』（監修），
　　　　『QC の基本と活用』（共著），『QC 手法の基本と活用』（共著），
　　　　『QC ストーリーの基本と活用』（共著），『QC サークル活動の基
　　　　本と進め方』（共著），『テーマ選定の基本と応用』（共著），『QC
　　　　サークル活動運営の基本と工夫』（共著），『QC サークル発表の
　　　　基本と実践』（共著），『課題達成型 QC ストーリーの基本と活用』
　　　　（共著），以上，日科技連出版社，他多数．

QCサークルのためのQCストーリー入門　改訂版
問題解決と報告・発表に強くなる

1991年11月7日　第1版第1刷発行
2021年7月9日　第1版第32刷発行
2023年5月27日　改訂版第1刷発行

検　印
省　略

著　者　杉　浦　　　忠
　　　　山　田　佳　明
発行人　戸　羽　節　文

発行所　株式会社日科技連出版社
〒151-0051　東京都渋谷区千駄ケ谷 5-15-5
　　　　　　DS ビル
　　　　　　電　話　出版 03-5379-1244
　　　　　　　　　　営業 03-5379-1238

組版　　　㈱中央美術研究所
印刷・製本　㈱シナノパブリッシングプレス

Printed in Japan

© T.Sugiura, Y.Yamada 1991, 2023　　URL https://www.juse-p.co.jp/
ISBN 978-4-8171-9777-1